国家自然资源部地图审图号：GS（2020）56 号

图书在版编目（CIP）数据

　加古里子海洋图鉴 /（日）加古里子著；丁虹译 . -- 济南：山东文艺
出版社 , 2019.12
　ISBN 978-7-5329-5986-0

　Ⅰ . ①加… Ⅱ . ①加… ②丁… Ⅲ . ①海洋 - 普及读
物 Ⅳ . ① P7-49

　中国版本图书馆 CIP 数据核字 (2019) 第 285492 号

著作权登记图字：15-2019-336

UMI (The Ocean)
Text & Illustrations © Kako Research Institute Ltd. 1969
Originally published by FUKUINKAN SHOTEN PUBLISHERS, INC., Tokyo, 1969
Simplified Chinese translation rights arranged with FUKUINKAN SHOTEN
PUBLISHERS, INC., TOKYO.
through DAIKOUSHA INC., KAWAGOE.
All rights reserved.

加古里子海洋图鉴

（日）加古里子 著
丁　虹 译

责任编辑 董国艳　田雪莹　　**特邀编辑** 吴文静　黄　刚
装帧设计 陈　玲　　　　　　　**内文制作** 陈　玲

主管单位 山东出版传媒股份有限公司
出　　版 山东文艺出版社
社　　址 山东省济南市英雄山路189号
邮　　编 250002
网　　址 www.sdwypress.com
发　　行 新经典发行有限公司　电话（010）68423599

读者服务 0531-82098776（总编室）
　　　　　　0531-82098775（市场营销部）
电子邮箱 sdwy@sdpress.com.cn

印　　刷 北京尚唐印刷包装有限公司
开　　本 635mm×965mm　1/8
印　　张 7.5
字　　数 30千
版　　次 2020年2月第1版
印　　次 2020年2月第1次印刷
书　　号 ISBN 978-7-5329-5986-0
定　　价 79.00元

加古里子
海洋图鉴

〔日〕加古里子 著　丁虹 译　曾千慧 审订

山东文艺出版社

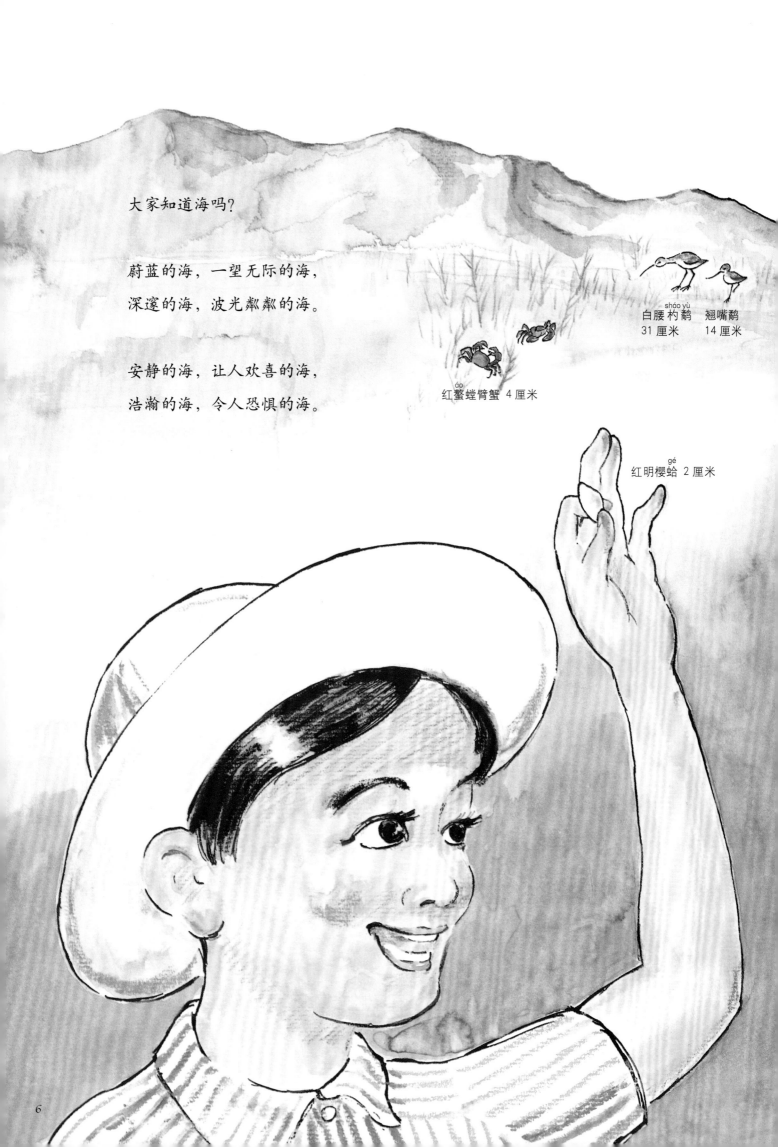

大家知道海吗?

蔚蓝的海,一望无际的海,
深邃的海,波光粼粼的海。

安静的海,让人欢喜的海,
浩瀚的海,令人恐惧的海。

白腰杓鹬
shóo yù
31 厘米

翘嘴鹬
14 厘米

红螯螳臂蟹 4 厘米

红明樱蛤 2 厘米
gé

白腰杓鹬群

黄脚鹬群

黄脚鹬
17 厘米

红脚鹬
16 厘米

青脚鹬
20 厘米

黑腹滨鹬
13 厘米

翻石鹬
16 厘米

金斑鸻
héng
17 厘米

蒙古沙鸻 14 厘米

金眶鸻 12 厘米

金眶鸻 12 厘米

海浪在沙滩上留下的痕迹

就让我们到退潮后的海滩上去看看吧!

一阵阵海风吹来,
带来了海水的味道。

能听到海浪的声音了。
远远地,能看到
银光闪闪的海面了。

好,现在就让我们去海边看看吧!

圆球股窗蟹(喷沙蟹)
1.5 厘米

青蛤的壳 6 厘米

圆球股窗蟹喷
出的小沙团

扁跳虾 1 厘米

异白樱蛤的壳 3 厘米

沙蟹 1.5 厘米

做"体操"的沙蟹

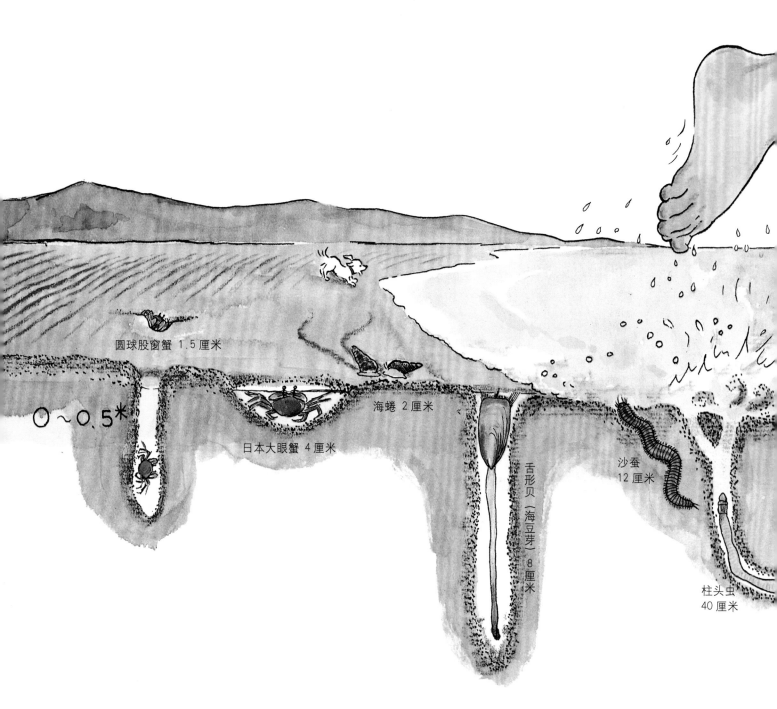

圆球股窗蟹 1.5 厘米

O～0.5*

日本大眼蟹 4 厘米

海蜷 2 厘米

舌形贝（海豆芽）8 厘米

沙蚕 12 厘米

柱头虫 40 厘米

海浪哗啦啦地涌了过来，
拍打在脚面上。

真想快点儿跑进海水里玩啊，
但是等一等，
让我们先好好看看脚下的沙滩，还有海边……

海风吹拂过、海浪冲刷过的沙滩上可以看到各种痕迹。
小虫、贝类和海鸟经过的地方，也留下了各种各样的印迹。

黑腹滨鹬群

红明樱蛤
1.5 厘米

柱头虫的粪便

毛蚶 5 厘米
hān

青蛤 6 厘米

巢沙蚕
40
厘
米

寄居蟹 1 厘米

昌螺 1 厘米

海滩上的沙子和泥土，

有凹进去的，有拱起来的，

让我们在这些地方轻轻地挖挖看。

原来，这些泥土和沙子下面

竟然住着小虫子和贝类！

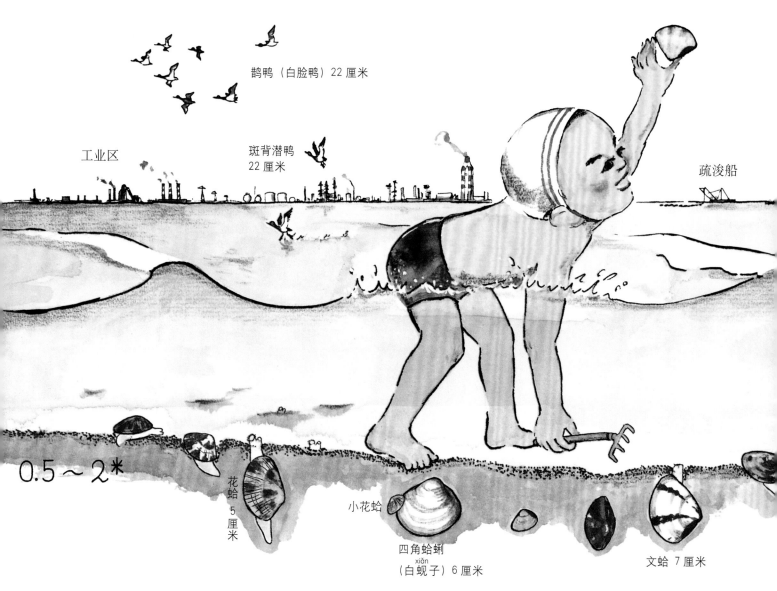

工业区　　　　　　　　鹊鸭（白脸鸭）22 厘米
　　　　　　　　　　斑背潜鸭
　　　　　　　　　　22 厘米　　　　　　　　　　　　　　　疏浚船

0.5～2米

花蛤
5
厘米　　　　小花蛤

　　　　　　　四角蛤蜊
　　　　　　　（白蚬子）6 厘米　　　　　　　文蛤 7 厘米

在离岸稍远些的浅滩上，
住着各种各样的蛤蜊，
退潮时，人们可以来这里捡蛤蜊。

它们会伸出像长舌头一样的脚，
钻进沙子里。

而那些出生没多久的小蛤蜊，
则会用足丝*将自己缠在别的蛤蜊或石头上，以免被海水冲走。

虾虎鱼最喜欢吃那些在泥巴和沙子里乱窜的小动物们。

* 一种由分泌物形成的细而韧的丝，贝类借此附着于岩石、海藻或其他动物的身上。

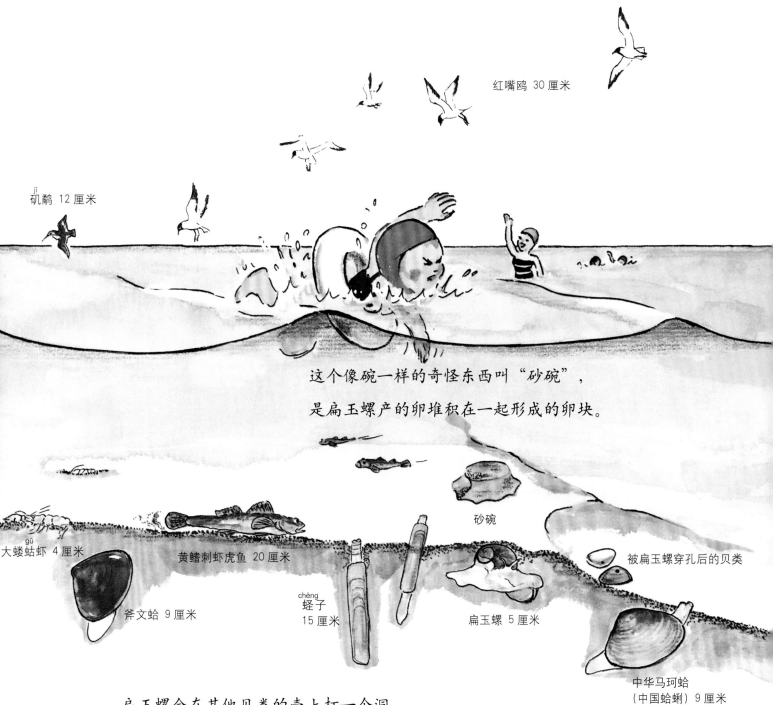

红嘴鸥 30 厘米

矶鹬 jī 12 厘米

这个像碗一样的奇怪东西叫"砂碗"，
是扁玉螺产的卵堆积在一起形成的卵块。

砂碗

被扁玉螺穿孔后的贝类

大蝼蛄虾 gū 4 厘米

黄鳍刺虾虎鱼 20 厘米

斧文蛤 9 厘米

蛏子 chēng 15 厘米

扁玉螺 5 厘米

中华马珂蛤
（中国蛤蜊）9 厘米

扁玉螺会在其他贝类的壳上打一个洞，
然后吃掉里面的贝肉。
野鸭和鹬们也会过来捕食贝类和鱼。

除了这些，浅滩上还生活着许多有趣的生物。

但是，有的浅滩由于填海造地而变成了陆地，并在上面盖起了工厂；
有的则被挖深，变成了港口。
所以现在，根本看不出它们原来的模样，生态环境也完全不一样了……

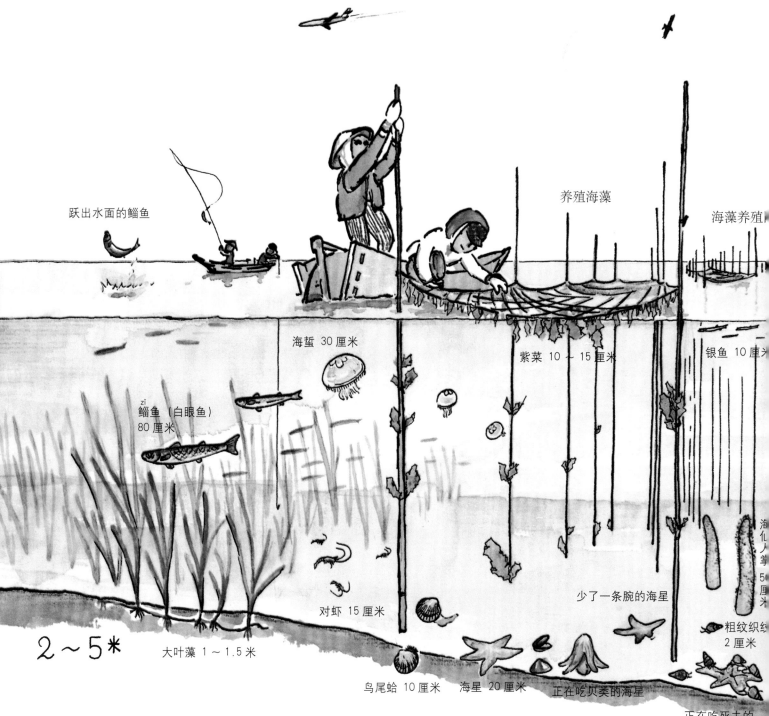

跃出水面的鲻鱼

养殖海藻

海藻养殖

海蜇 30 厘米

紫菜 10～15 厘米

银鱼 10 厘米

鲻鱼（白眼鱼）
80 厘米

对虾 15 厘米

少了一条腕的海星

海化人掌 50 厘米

粗纹织纹 2 厘米

2～5*

大叶藻 1～1.5 米

鸟尾蛤 10 厘米　　海星 20 厘米　　正在吃贝类的海星

正在吃死去的
海星的粗纹织纹

被陆地包围着的海，通常被称为海湾或者内海。

由于周围都是陆地，内海经常是风平浪静、波澜不兴的样子，

再加上有很多营养丰富的物质从陆地流入内海，

所以，这里会繁育出大量的藻类和贝类。

紫菜是海藻家族中的一员。

设在内海的海藻养殖杆能让随海水漂来的紫菜籽附着在上面，

使其在这里大量繁殖。

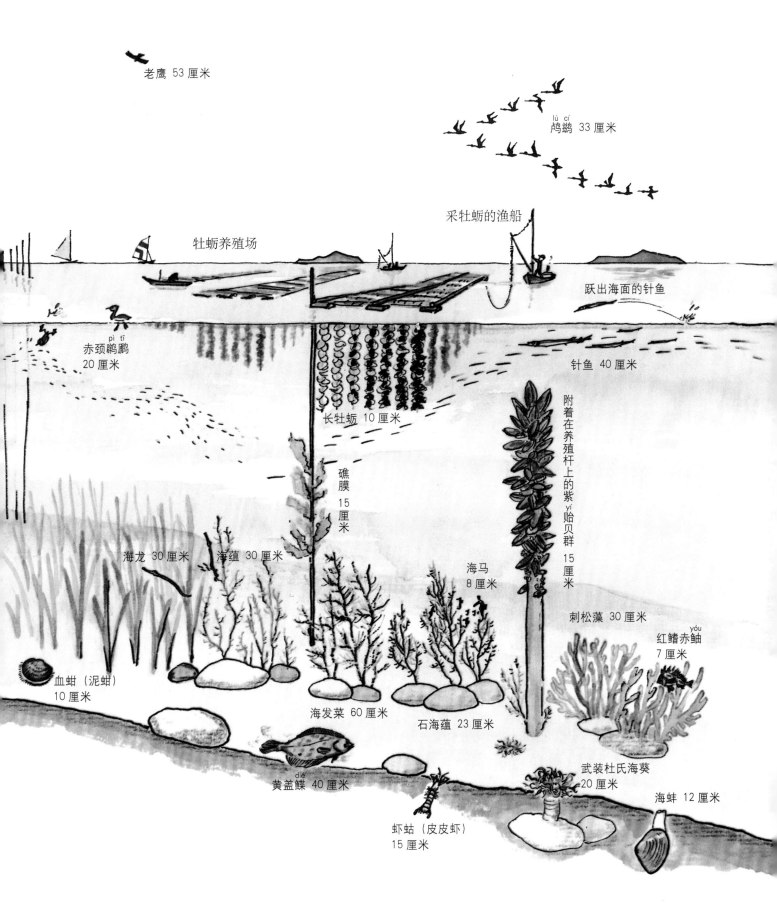

老鹰 53 厘米

鸬鹚（lú cí）33 厘米

牡蛎养殖场

采牡蛎的渔船

跃出海面的针鱼

赤颈鸊鷉（pì tī）20 厘米

针鱼 40 厘米

长牡蛎 10 厘米

礁膜 15 厘米

附着在养殖杆上的紫贻（yí）贝群 15 厘米

海龙 30 厘米

海蕴 30 厘米

海马 8 厘米

刺松藻 30 厘米

红鳍赤鮨（yóu）7 厘米

血蚶（泥蚶）10 厘米

海发菜 60 厘米

石海蕴 23 厘米

武装杜氏海葵 20 厘米

海蚌 12 厘米

黄盖鲽（dié）40 厘米

虾蛄（皮皮虾）15 厘米

牡蛎是贝类家族中的一员。

在内海里挂上一串串的扇贝壳，

漂流过来的牡蛎幼体就会附着在上面，

一动不动地贴在扇贝壳里，直到长大。

海里还生活着许许多多微小的植物和动物。

它们有的浮在海面上，有的悬在海水中，随着海水四处流动，

从出生到死亡都生活在海里。

还有刚出生的小蛤蜊和小螃蟹，

它们在极小的时候，也是浮游在水面上生活的。

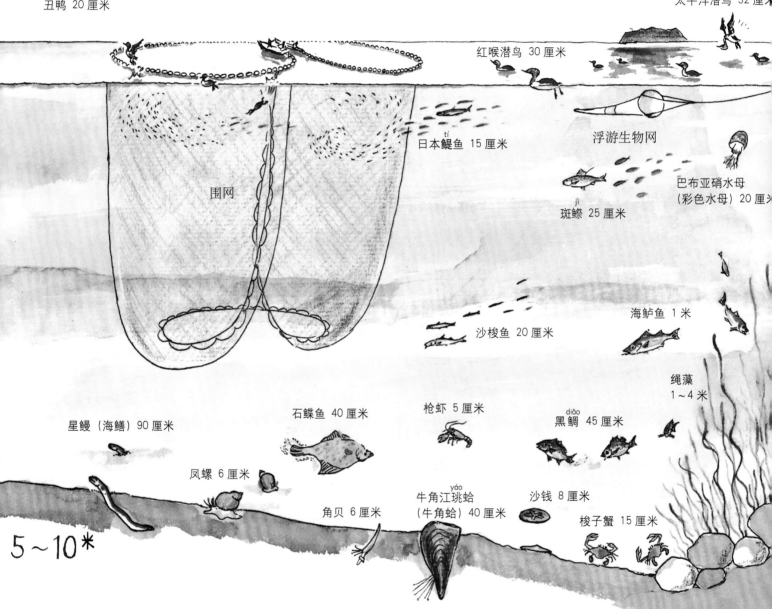

丑鸭 20 厘米

太平洋潜鸟 32 厘米

红喉潜鸟 30 厘米

日本鳀鱼 15 厘米

浮游生物网

巴布亚硝水母
（彩色水母）20 厘米

围网

斑鰶 25 厘米

海鲈鱼 1 米

沙梭鱼 20 厘米

绳藻
1~4 米

石鲽鱼 40 厘米

枪虾 5 厘米

diāo
黑鲷 45 厘米

星鳗（海鳝）90 厘米

凤螺 6 厘米

yáo
牛角江珧蛤
（牛角蛤）40 厘米

沙钱 8 厘米

角贝 6 厘米

梭子蟹 15 厘米

5~10 米

这些漂浮在海面上或者悬浮在海水中的生物，被称为浮游生物。

用网眼很小的渔网在海水里捞一捞，

能捞到很多浮游生物。

这些浮游生物形形色色，有大有小，

有的小到用放大镜都看不见，有的则较大，用肉眼也能看到。

14

燕鸥 13 厘米

脆壳全海笋
3 厘米

囊藻
20 厘米

塔形纺锤螺的卵袋

塔形纺锤螺
14 厘米

脉红螺
的卵袋

珍珠养殖场

扇形拟伊藻
15 厘米

脉红螺 15 厘米

马氏珍珠贝 5 厘米

赤香螺
的卵袋

赤香螺
16 厘米

刺松藻 40 厘米

生活在海洋里的鱼类
就是靠吃这样的浮游生物
才得以生存、繁衍。

所以，对于海洋里的鱼儿们来说，
浮游生物是不可或缺的重要生物。

长蛸
xiāo
20 厘米

长蛸在脉红螺
的壳里产卵

海燕 8 厘米

花鳍海猪鱼
28 厘米

内海中的浮游生物

圆筛藻

拟菱形藻

直链藻

网纹虫
0.25 毫米

拟哲水蚤
1 毫米

夜光藻

长腹剑水蚤
0.5 毫米

住囊虫
2 毫米

僧帽蚤
0.7 毫米

海螺的幼体

沙丁鱼的幼体

菱形海线藻

浮动弯角藻

蚤状溞

虾蟹类的溞状幼体

沙蚕的幼体

多鳞虫的幼体
1 毫米

海萤
1～2 毫米

克氏纺锤水蚤
1 毫米

哲水蚤
3 毫米

圆囊溞
1 毫米

叉角藻
0.2 毫米

即使是表面看起来风平浪静的海，
也并不是静止不动的。

蓝矶鸫（dōng） 13 厘米

海蟑螂 4 厘米

浒苔 30 厘米

平背蜞 3 厘米

石鳖 4 厘米

刺牡蛎
3 厘米

鹅肠菜 20 厘

鹅足青螺 2 厘米

矶海绵

鼠尾藻
50
厘
米

团扇藻
25 厘米

羊栖菜
1 米

日本岩瓷蟹
1 厘米

人工养殖网

太平长臂虾
5 厘米

蛇首高鳍虾虎鱼
11 厘米

蛇尾
10 厘米

蓑海牛 2 厘米

青高海牛
3 厘米

颈带鲾（bī） 14 厘米

裂叶马尾藻
2 米

东方多彩海牛
4 厘米

素面黑钟
6 厘米

红鳍东方鲀（tún） 70 厘米

金乌贼 30 厘米

半叶马尾藻
1.5 米

金乌贼的卵
1 厘米

贻贝（海虹）
7 厘米

李斯钟螺
5
厘
米

铜藻
4
米

木匠钟螺
4
厘
米

白星螺
3 厘米

鬼鲉（老虎鱼）
25 厘米

大叶马尾藻
1 米

拟棒鞭水虱
0.5 厘米

日本囊对虾 20 厘米

10 ~ 30 米

海风刮起的时候，会在海面掀起波浪。

由于温度和含盐量不同，海水的密度也会有所不同，

不同密度的海水间会产生对流。

另外，海水在月球引力的作用下，会发生涨潮和退潮。

银鸥

石莼 40 厘米　石莼 1 米　细粒玉黍螺 0.8 厘米　短玉黍螺 1.5 厘米　东方小藤壶 0.5 厘米

涨潮线

海葵 5 厘米　龟足（狗爪螺）4 厘米　铁钉菜 15 厘米

带藻 8 厘米　花笠螺（将军帽）4 厘米　美丽笠藤壶 2 厘米

海兔 25 厘米　马粪海胆 5 厘米

蛏藻 30 厘米　拟菊海鞘

退潮线

角叉菜 10 厘米　印度光缨虫 4 厘米　簇生高植藻 1～2 米

刺巨藤壶 14 厘米　星点东方鲀 15 厘米

顶状蜈蚣藻 60 厘米　九孔螺 7 厘米　任氏马尾藻 1～2 米　古氏𫚉 1 米

紫海胆 7 厘米　椭圆蜈蚣藻 30 厘米

栉孔扇贝 6 厘米　皱瘤海鞘 10 厘米　角蝾螺 8 厘米　丝背细鳞鲀（剥皮鱼）30 厘米　无备平鲉 20 厘米

齿轮马蹄螺 3 厘米　红海胆 8 厘米

刺脱落后的海胆　星斑裸颊鲷 50 厘米

蠕纹裸胸鳝 80 厘米　裙带菜 50 厘米

爱森藻 30 厘米　褐菖鲉（石头鲈）25 厘米　宽叶网翼藻 30 厘米

海水涨潮的时候，

有的岩石会被海水淹没；

而退潮后，

这些岩石当中会形成一些小水洼。

在涨潮线和退潮线之间的这一区域，

每种海藻、虫类和贝类，生活的位置是相对固定的。

比如海葵一般都生活在潮间带靠下的区域。

亚洲东部的外海，

是世界上最宽广的海洋。

这个大大的海洋叫作太平洋。

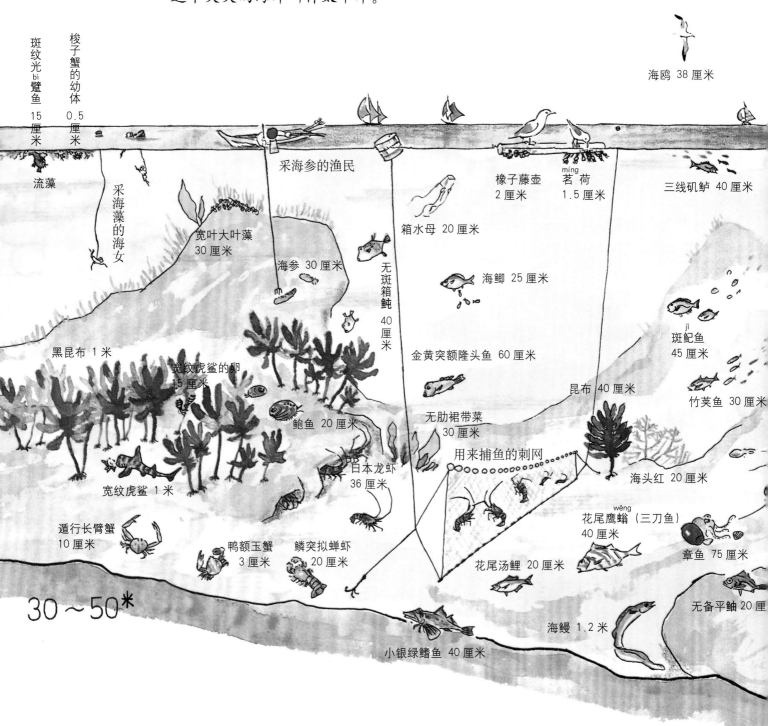

斑纹光bì鳖鱼 15 厘米

梭子蟹的幼体 0.5 厘米

海鸥 38 厘米

流藻

采海参的渔民

采海藻的海女

橡子藤壶 2 厘米

茗 míng 荷 1.5 厘米

三线矶鲈 40 厘米

宽叶大叶藻 30 厘米

海参 30 厘米

箱水母 20 厘米

无斑箱鲀 40 厘米

海鲫 25 厘米

黑昆布 1 米

宽纹虎鲨的卵 15 厘米

金黄突额隆头鱼 60 厘米

斑鱾鱼 jǐ 45 厘米

鲍鱼 20 厘米

无肋裙带菜 30 厘米

昆布 40 厘米

竹荚鱼 30 厘米

宽纹虎鲨 1 米

日本龙虾 36 厘米

用来捕鱼的刺网

海头红 20 厘米

遁行长臂蟹 10 厘米

鸭额玉蟹 3 厘米

鳞突拟蝉虾 20 厘米

花尾鹰鎓（三刀鱼）wēng 40 厘米

章鱼 75 厘米

30～50米

花尾汤鲤 20 厘米

无备平鲉 20 厘

海鳗 1.2 米

小银绿鳍鱼 40 厘米

在北太平洋西部，有一股巨大的海流，

由南向北，贴着中国台湾和日本的陆地边缘，

昼夜不停地滚滚流淌着。

这股强劲的海流叫作黑潮。

和内海的波浪比起来，

外海的波浪巨大而凶猛，

能把岩石拍得粉碎。

海鸟聚集、盘旋的地方附近，

多半有大群的鱼类。

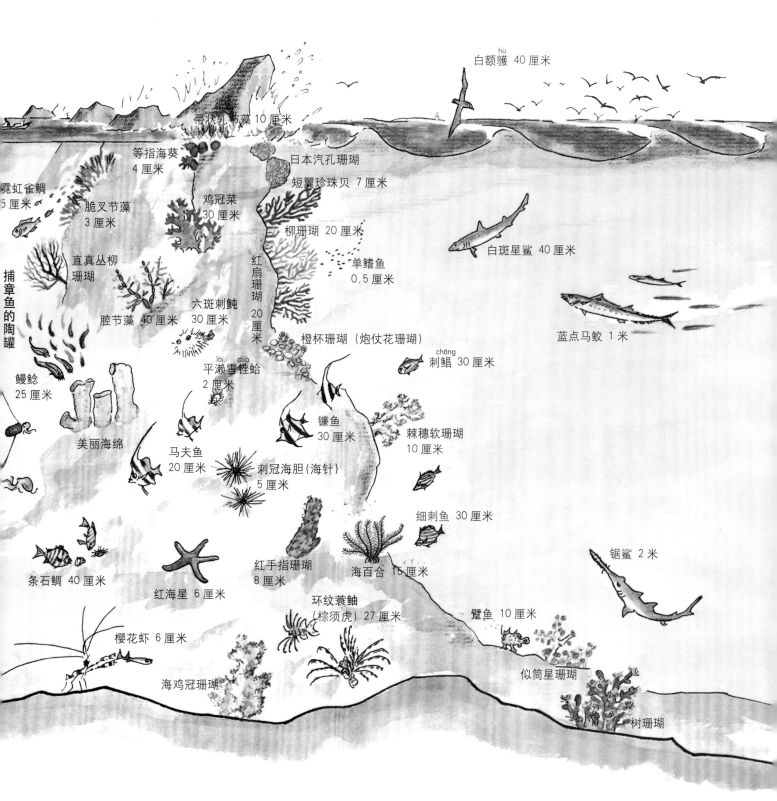

白额鹱 hù 40 厘米

帚状乳节藻 10 厘米

等指海葵 4 厘米

日本汽孔珊瑚

短翼珍珠贝 7 厘米

霓虹雀鲷 5 厘米

脆叉节藻 3 厘米

鸡冠菜 30 厘米

柳珊瑚 20 厘米

白斑星鲨 40 厘米

单鳍鱼 0.5 厘米

直真丛柳珊瑚

捕章鱼的陶罐

腔节藻 40 厘米

六斑刺鲀 30 厘米

红扇珊瑚 20 厘米

橙杯珊瑚（炮仗花珊瑚）

刺鲳 chāng 30 厘米

蓝点马鲛 1 米

平濑雪锉蛤 lài cuò 2 厘米

鳗鲇 25 厘米

美丽海绵

马夫鱼 20 厘米

镰鱼 30 厘米

棘穗软珊瑚 10 厘米

刺冠海胆(海针) 5 厘米

细刺鱼 30 厘米

条石鲷 40 厘米

红海星 6 厘米

红手指珊瑚 8 厘米

海百合 15 厘米

锯鲨 2 米

环纹蓑鲉（棕须虎） 27 厘米

躄鱼 10 厘米

樱花虾 6 厘米

海鸡冠珊瑚

似筒星珊瑚

树珊瑚

有温暖的黑潮流经的岸边，

各种各样的海藻长得非常茂密，

还有大量的鱼、虾和章鱼居住在这里。

海底和陆地一样，

埋藏着对人类有用的石油、煤炭等矿物资源。

因此，人们在一些地方修建了

挖掘、运送石油等矿物的机械设备。

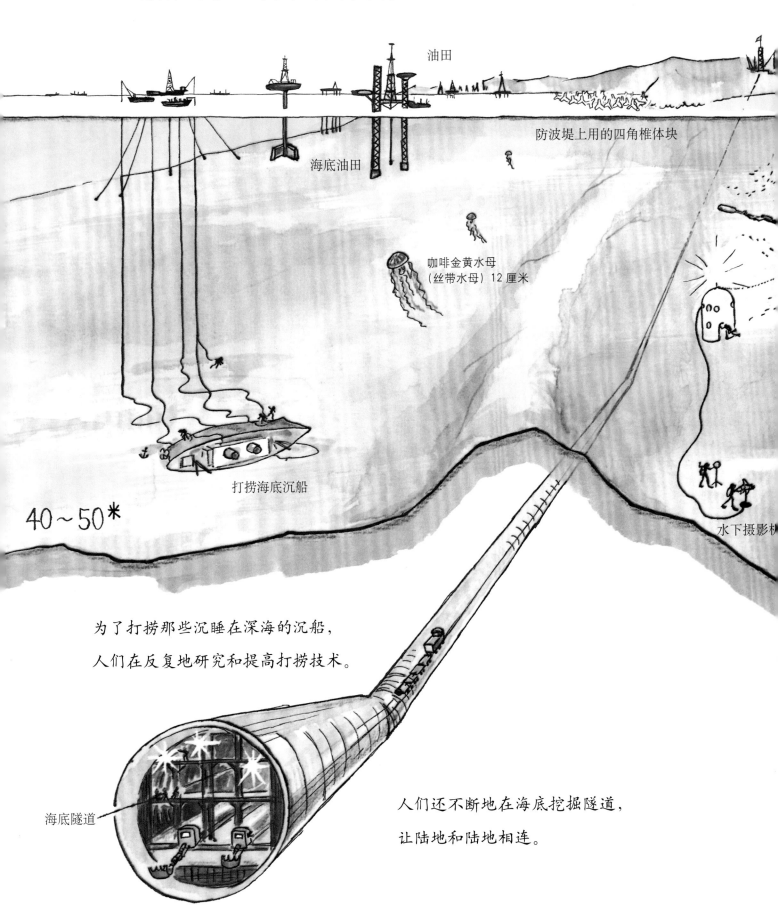

油田

防波堤上用的四角椎体块

海底油田

咖啡金黄水母
（丝带水母）12厘米

打捞海底沉船

40~50米

水下摄影机

为了打捞那些沉睡在深海的沉船，

人们在反复地研究和提高打捞技术。

海底隧道

人们还不断地在海底挖掘隧道，

让陆地和陆地相连。

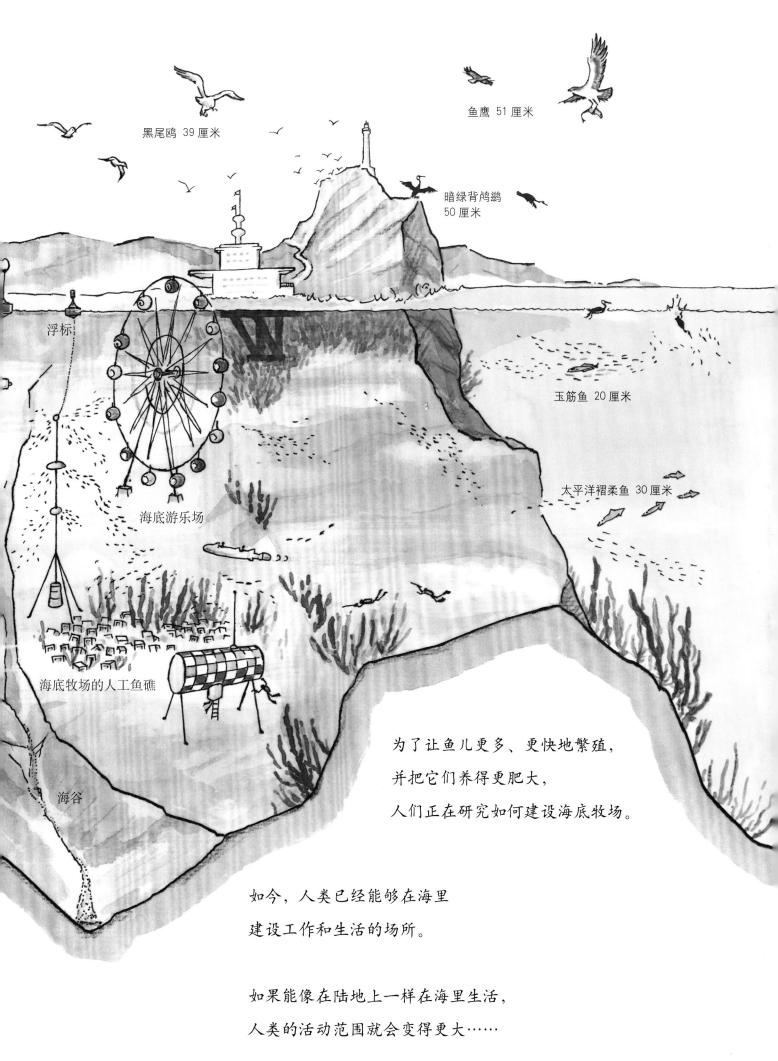

黑尾鸥 39 厘米

鱼鹰 51 厘米

暗绿背鸬鹚
50 厘米

浮标

玉筋鱼 20 厘米

海底游乐场

太平洋褶柔鱼 30 厘米

海底牧场的人工鱼礁

海谷

为了让鱼儿更多、更快地繁殖，
并把它们养得更肥大，
人们正在研究如何建设海底牧场。

如今，人类已经能够在海里
建设工作和生活的场所。

如果能像在陆地上一样在海里生活，
人类的活动范围就会变得更大……

白尾海雕 60 厘米

北极鸥 48 厘米

白眶海鸽 20 厘米

扁嘴海雀 20 厘米

冠海鹦 20 厘米

海鸠 30 厘米

用竿网捕鱼的人

采海藻的人

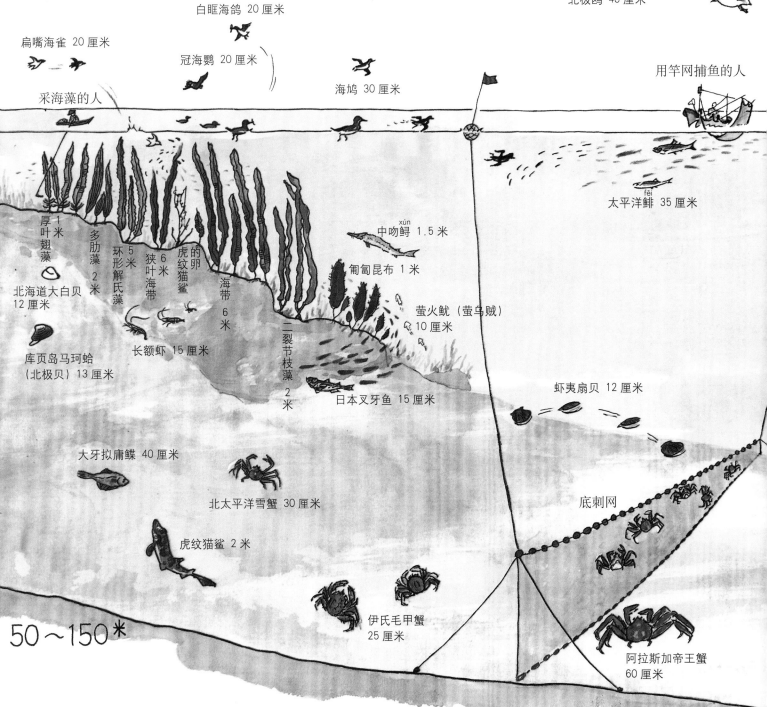

厚叶翅藻 1 米

北海道大白贝 12 厘米

库页岛马珂蛤（北极贝）13 厘米

多肋藻 2 米

环形解氏藻 5 米

狭叶海带 6 米

的卵 虎纹猫鲨

海带 6 米

二裂节枝藻 2 米

长额虾 15 厘米

日本叉牙鱼 15 厘米

中吻鲟（xún） 1.5 米

匍匐昆布 1 米

萤火鱿（萤乌贼） 10 厘米

太平洋鲱（fēi） 35 厘米

虾夷扇贝 12 厘米

大牙拟庸鲽 40 厘米

北太平洋雪蟹 30 厘米

虎纹猫鲨 2 米

伊氏毛甲蟹 25 厘米

底刺网

阿拉斯加帝王蟹 60 厘米

50～150 米

海底的地形变化和陆地一样，

并不会突然变深，

而是逐渐地越来越深。

陆地平缓地延伸到海里的部分，叫作大陆架。

22

大陆架海域生活着许多海洋生物。

它们有的游来游去，有的爬来爬去，

还有的一动不动地藏在某处。

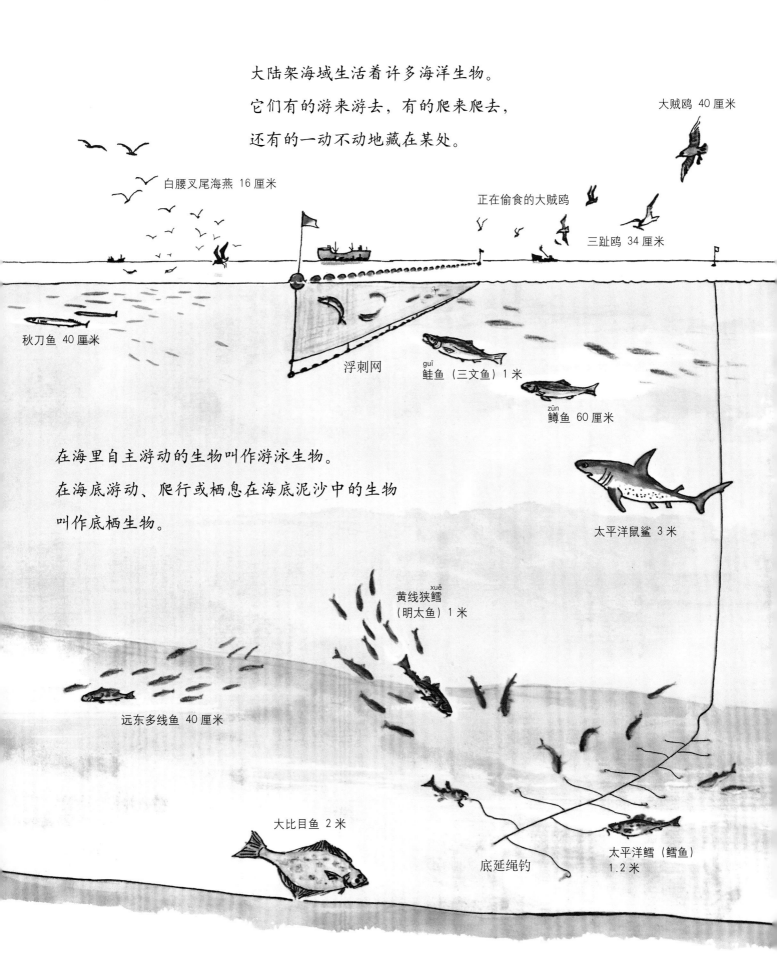

大贼鸥 40 厘米

白腰叉尾海燕 16 厘米

正在偷食的大贼鸥

三趾鸥 34 厘米

秋刀鱼 40 厘米

浮刺网

鲑鱼（三文鱼）1 米
guī

鳟鱼 60 厘米
zūn

在海里自主游动的生物叫作游泳生物。

在海底游动、爬行或栖息在海底泥沙中的生物

叫作底栖生物。

太平洋鼠鲨 3 米

黄线狭鳕
xuě
（明太鱼）1 米

远东多线鱼 40 厘米

大比目鱼 2 米

底延绳钓

太平洋鳕（鳕鱼）
1.2 米

在亚洲东北部的大陆架地带，

栖息着很多喜欢冷水的游泳生物和底栖生物。

在中国东海的大陆架地带，
生活着许多喜欢温水的游泳生物和底栖生物。

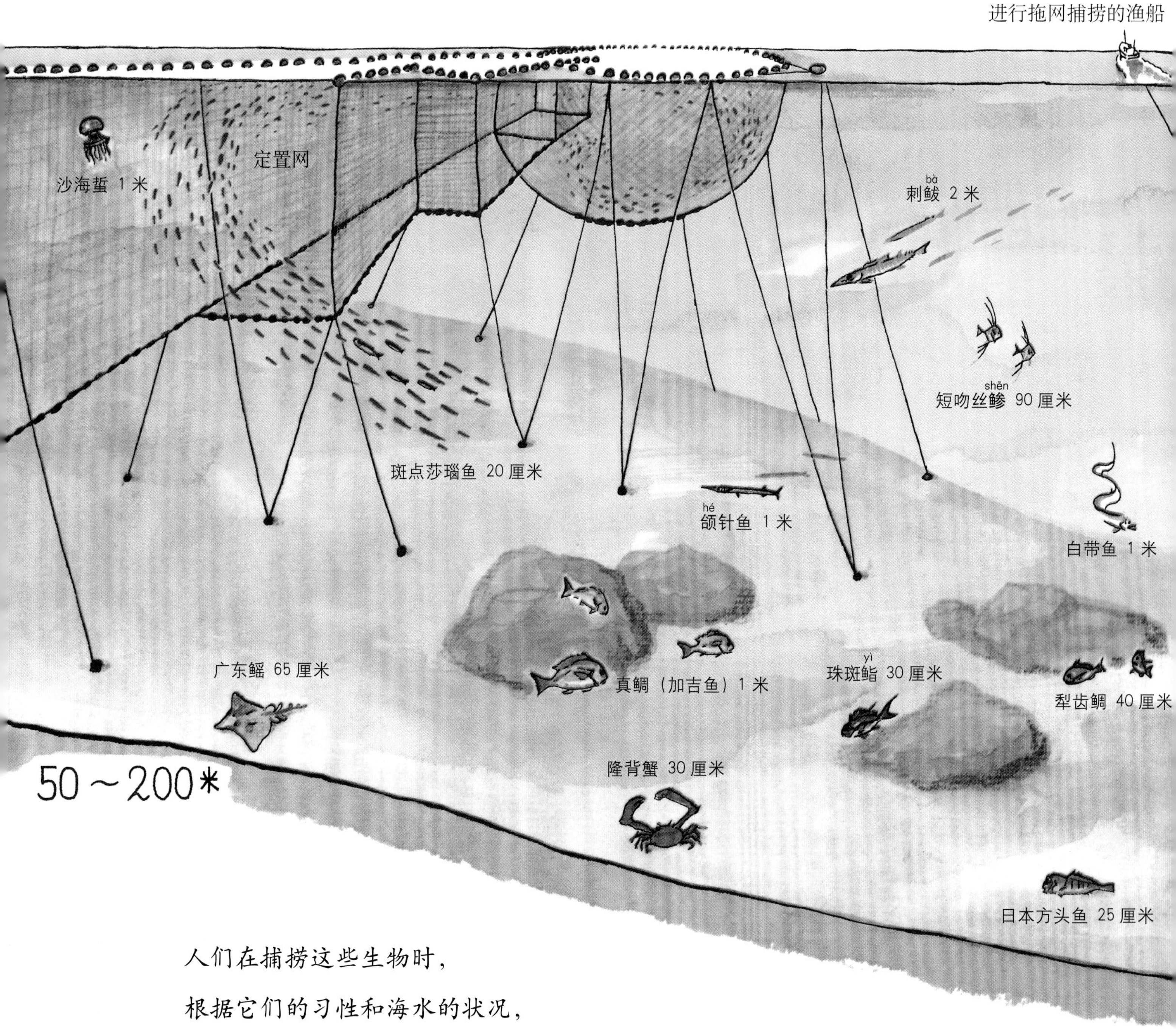
进行拖网捕捞的渔船
定置网
沙海蜇 1米
bà
刺鲅 2米
shēn
短吻丝鲹 90厘米
斑点莎瑙鱼 20厘米
hé
颌针鱼 1米
白带鱼 1米
广东鳐 65厘米
真鲷（加吉鱼）1米
yì
珠斑鮨 30厘米
犁齿鲷 40厘米
50～200米
隆背蟹 30厘米
日本方头鱼 25厘米

人们在捕捞这些生物时，
根据它们的习性和海水的状况，
想出了各种不同的方法。

在鱼群会经过的地方预先布下渔网，就会有大量的鱼钻入网里，
这种方法叫作定置网捕捞法。

漂浮在海面上的浮藻中，
常常藏有大群的小型游泳生物。

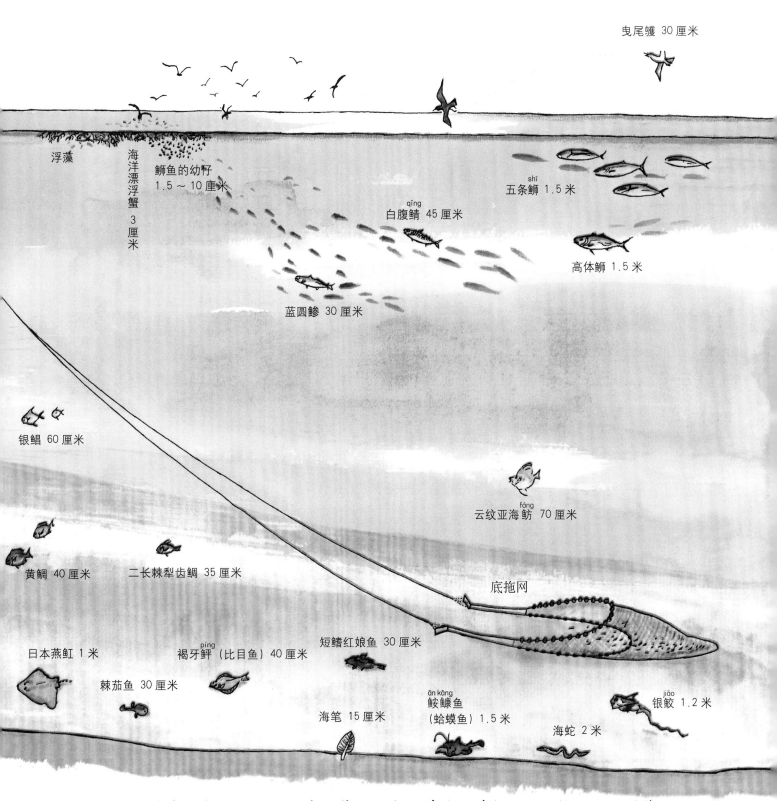

曳尾鹱 30 厘米

浮藻

海洋漂浮蟹 3 厘米

鲕鱼的幼籽
1.5 ～ 10 厘米

五条鲕 1.5 米

白腹鲭 45 厘米 qīng

蓝圆鲹 30 厘米

高体鲕 1.5 米

银鲳 60 厘米

云纹亚海鲂 70 厘米 fáng

黄鲷 40 厘米

二长棘犁齿鲷 35 厘米

底拖网

日本燕魟 1 米

褐牙鲆（比目鱼）40 厘米 píng

短鳍红娘鱼 30 厘米

棘茄鱼 30 厘米

海笔 15 厘米

鮟鱇鱼（蛤蟆鱼）1.5 米 ān kāng

银鲛 1.2 米 jiāo

海蛇 2 米

从渔船上把大网撒到海底，然后让船拖着渔网前行，这种捕鱼方法叫作
底拖网捕捞法，可以捕到底栖生物和住在海底的游泳生物。但是，这一捕捞
方式会严重破坏海洋生态环境，目前在许多国家已被严令禁止。

除了离陆地很近的海洋，

人们还发现，在更远、更深的海底，

埋藏着丰富的石油和矿物。

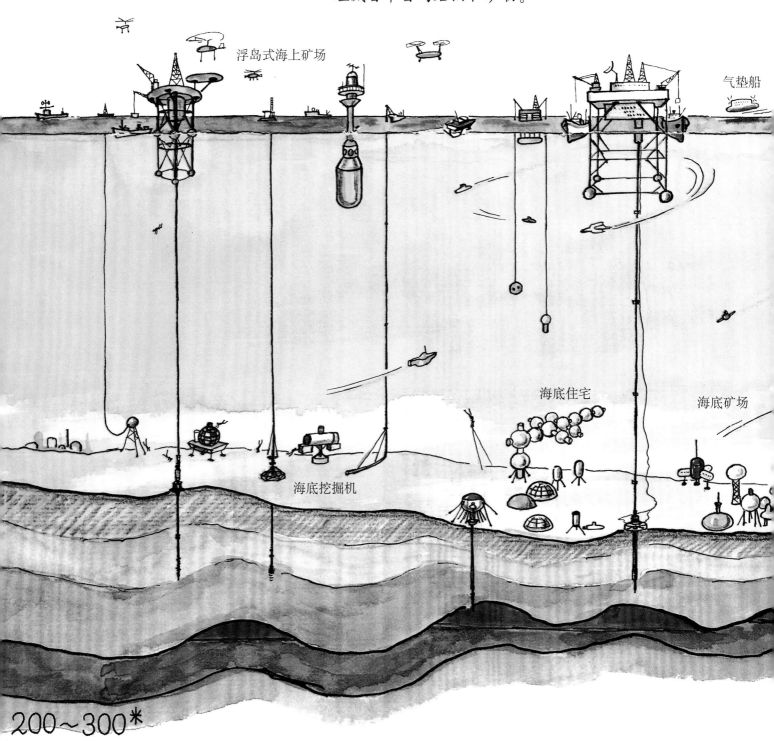

浮岛式海上矿场

气垫船

海底住宅

海底挖掘机

海底矿场

200~300米

人类制造出了挖掘、勘探深海海底的机械设备。

正是借助这样的设备，

海底矿场才得以搭建起来。

为了捕鱼，人们利用特殊的装置，
制造出人工浮藻和人工饵场，
吸引了大批的鱼群。

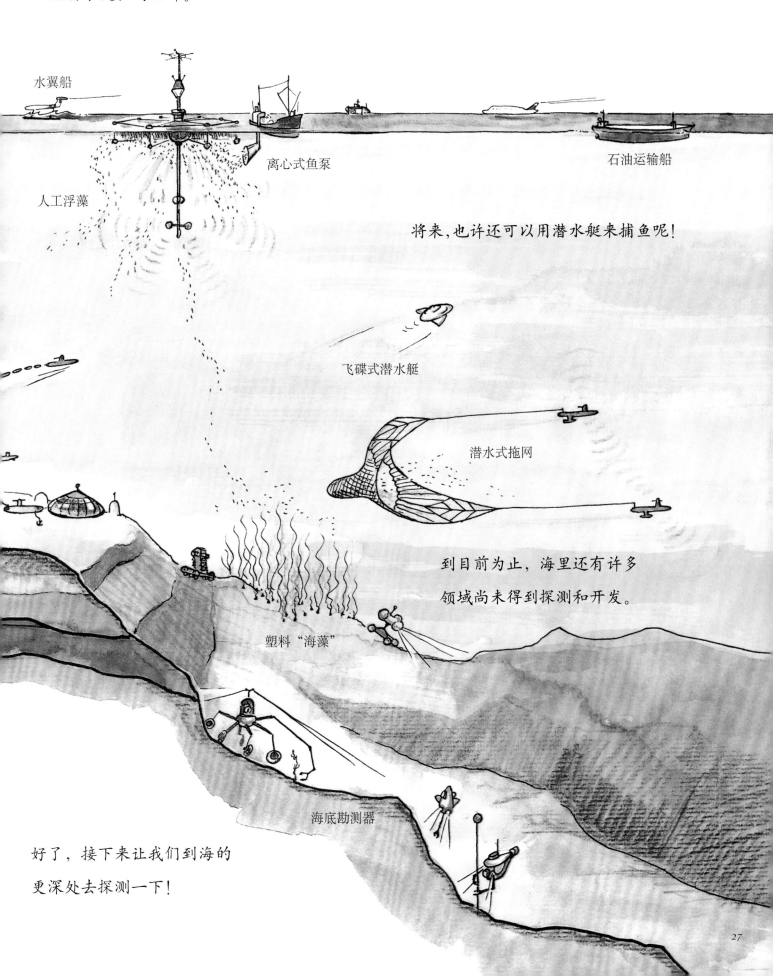

水翼船

离心式鱼泵

石油运输船

人工浮藻

将来，也许还可以用潜水艇来捕鱼呢！

飞碟式潜水艇

潜水式拖网

塑料"海藻"

到目前为止，海里还有许多
领域尚未得到探测和开发。

海底勘测器

好了，接下来让我们到海的
更深处去探测一下！

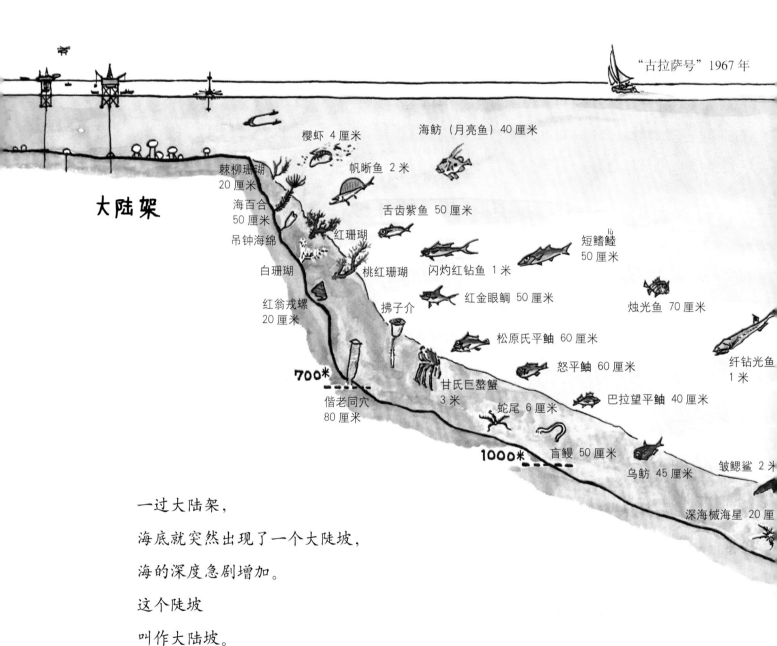

"古拉萨号" 1967 年

大陆架

樱虾 4 厘米
海鲂（月亮鱼）40 厘米
棘柳珊瑚 20 厘米
帆晰鱼 2 米
海百合 50 厘米
舌齿紫鱼 50 厘米
吊钟海绵
红珊瑚
短鳍鲑 50 厘米
白珊瑚
桃红珊瑚
闪灼红钻鱼 1 米
红翁戎螺 20 厘米
红金眼鲷 50 厘米
烛光鱼 70 厘米
拂子介
松原氏平鲉 60 厘米
700米
怒平鲉 60 厘米
纤钻光鱼 1 米
偕老同穴 80 厘米
甘氏巨螯蟹 3 米
巴拉望平鲉 40 厘米
蛇尾 6 厘米
1000米
盲鳗 50 厘米
皱鳃鲨 2 米
乌鲂 45 厘米
深海械海星 20 厘

一过大陆架，

海底就突然出现了一个大陆坡，

海的深度急剧增加。

这个陡坡

叫作大陆坡。

大陆坡会一直延伸到 3000 米的深处。

在如此深的海水里，

到处漆黑一片，什么也看不见。

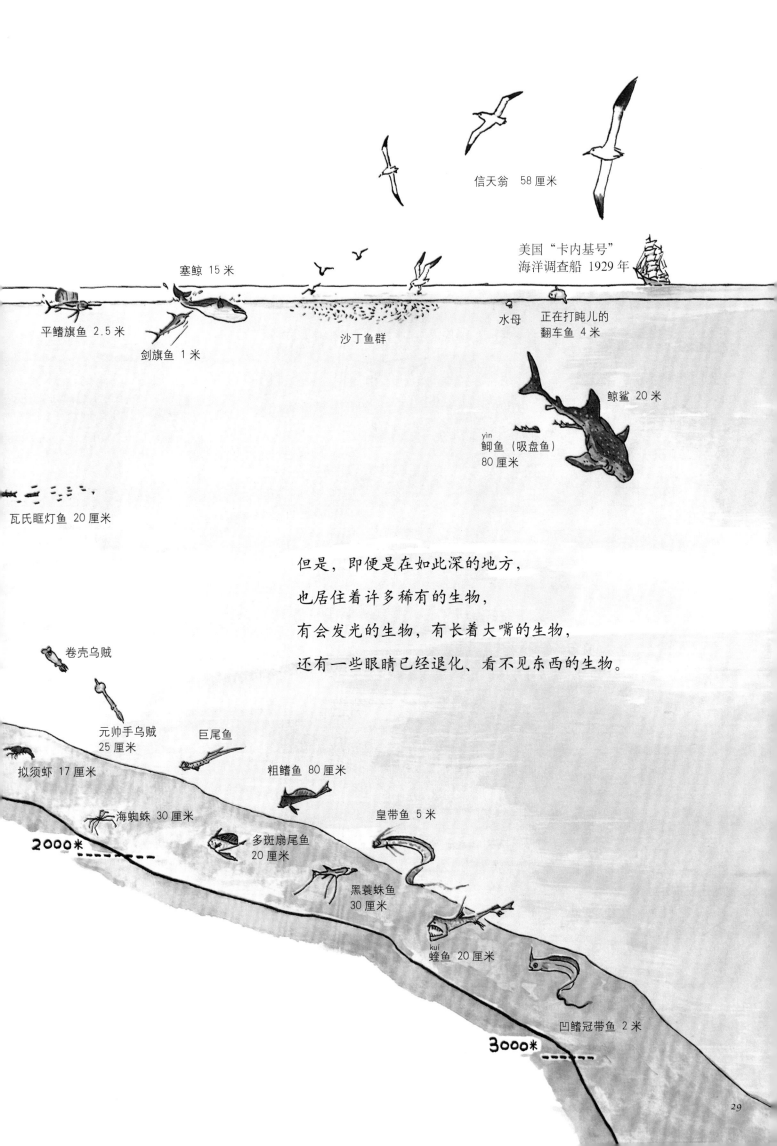

信天翁　58 厘米

美国"卡内基号"
海洋调查船　1929 年

塞鲸　15 米

平鳍旗鱼　2.5 米

剑旗鱼　1 米

沙丁鱼群

水母

正在打盹儿的
翻车鱼　4 米

鲸鲨　20 米

yìn
鮣鱼（吸盘鱼）
80 厘米

瓦氏眶灯鱼　20 厘米

但是，即便是在如此深的地方，

也居住着许多稀有的生物，

有会发光的生物，有长着大嘴的生物，

还有一些眼睛已经退化、看不见东西的生物。

卷壳乌贼

元帅手乌贼
25 厘米

巨尾鱼

粗鳍鱼　80 厘米

拟须虾　17 厘米

海蜘蛛　30 厘米

皇带鱼　5 米

2000 米

多斑扇尾鱼
20 厘米

黑蓑蛛鱼
30 厘米

kuí
蝰鱼　20 厘米

凹鳍冠带鱼　2 米

3000 米

29

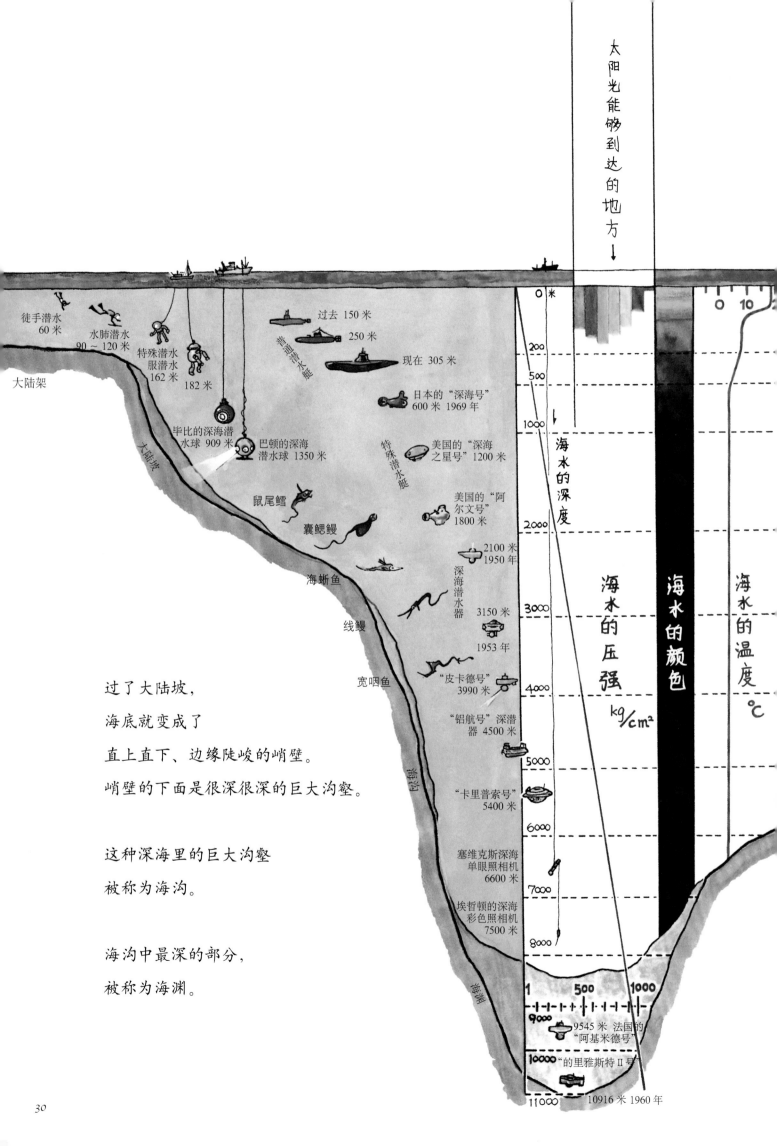

太阳光能够到达的地方↓

大陆架

徒手潜水
60米

水肺潜水
90～120米

特殊潜水
服潜水
162米
182米

毕比的深海潜
水球 909米
巴顿的深海
潜水球 1350米

大陆坡

鼠尾鳕

囊鳃鳗

海蜥鱼

线鳗

宽咽鱼

过去 150米

普通潜水艇

250米

现在 305米

日本的"深海号"
600米 1969年

特殊潜水艇

美国的"深海
之星号"1200米

美国的"阿
尔文号"
1800米

2100米
1950年

深海潜水器

3150米

1953年

"皮卡德号"
3990米

"铝航号"深潜
器 4500米

"卡里普索号"
5400米

塞维克斯深海
单眼照相机
6600米

埃哲顿的深海
彩色照相机
7500米

海沟

海渊

9545米 法国的
"阿基米德号"

10000 "的里雅斯特Ⅱ号"

10916米 1960年

0 米
200
500
1000
2000
3000
4000
5000
6000
7000
8000
9000
10000
11000

海水的深度

海水的压强
kg/cm²

1 500 1000

海水的颜色

海水的温度
℃

0 10

过了大陆坡，

海底就变成了

直上直下、边缘陡峻的峭壁。

峭壁的下面是很深很深的巨大沟壑。

这种深海里的巨大沟壑

被称为海沟。

海沟中最深的部分，

被称为海渊。

日本的遣隋
使船　607 年

日本的遣唐使船
630 ～ 890 年

日本的
遣明
使船
1345 年

八幡船
1300 年

葡萄牙的船
1543 年

朱印船
1616 年

荷兰的船
1782 年

俄罗斯的
"叶卡捷
琳娜号"
1791 年

贝利的黑船
1853 年

"咸临号"
1860 年

这么深的海底，

阳光自然无法到达，

因此，海水的温度非常低。

而且，这里的水压非常大，

普通的潜水艇根本无法到达。

不过，目前人类设计的高级潜水艇

已经能够到达世界上最深的海渊了。

太平洋的海底

海沟虽然很深，

但并不宽。

过了海沟之后，

就是深达 5 ～ 6 千米、绵延不断的宽广的太平洋海底了。

黑脚信天翁 50 厘米

黑风鹱 25 厘米

飞鱼 50 厘米

捕捉金枪鱼的母船

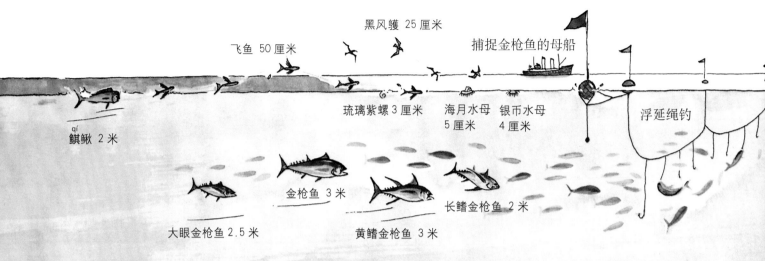

琉璃紫螺 3 厘米　海月水母　银币水母
　　　　　　　　　5 厘米　　4 厘米

浮延绳钓

qí
鳍鳅 2 米

大眼金枪鱼 2.5 米　金枪鱼 3 米

黄鳍金枪鱼 3 米　长鳍金枪鱼 2 米

舟师鱼（领航鱼）
60 厘米

灰鲭鲨 7 米

在辽阔的太平洋里，

生活着很多大型鱼类。

它们或寻找食物，或随着洋流

自由自在地游来游去。

鲨鱼和金枪鱼就是其中的代表，

它们都属于游泳生物。

3000～5000 米

这些大型游泳生物

以小型游泳生物为食。

小型游泳生物则以浮游生物为食。

红脚鲣鸟 90 厘米
jiān

北方鲣鸟 90 厘米

褐鲣鸟 75 厘米

钓鲣鱼、金枪鱼的船

暖流与寒流的分界线

僧帽水母
3 米

水母双鳍鲳 25 厘米

东方狐鲣 80 厘米

鲣鱼 1 米

条纹四鳍旗鱼 3 米

生活在这里的浮游生物，

有的靠溶解在海水里的营养活着，

有的则利用太阳进行光合作用，来生长繁殖。

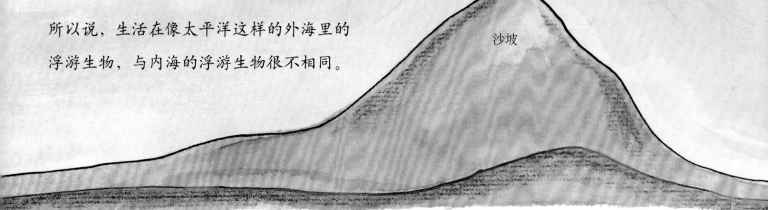

长尾鲨 6 米

所以说，生活在像太平洋这样的外海里的
浮游生物，与内海的浮游生物很不相同。

沙坡

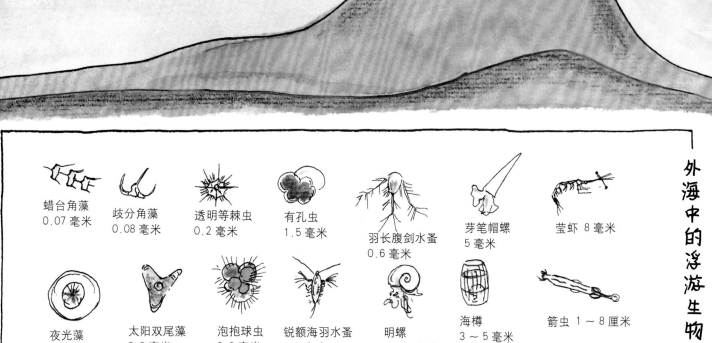

蜡台角藻
0.07 毫米

歧分角藻
0.08 毫米

透明等棘虫
0.2 毫米

有孔虫
1.5 毫米

羽长腹剑水蚤
0.6 毫米

芽笔帽螺
5 毫米

莹虾 8 毫米

夜光藻
0.2 毫米

太阳双尾藻
0.3 毫米

泡抱球虫
0.8 毫米

锐额海羽水蚤
2.5 毫米

明螺
3 ~ 7 毫米

海樽
3 ~ 5 毫米

箭虫 1 ~ 8 厘米

外海中的浮游生物

很久很久以前，人类就开始研究海的方方面面了，

如今更是取得了越来越大的进步。

这是依靠一代代人的努力逐步实现的。

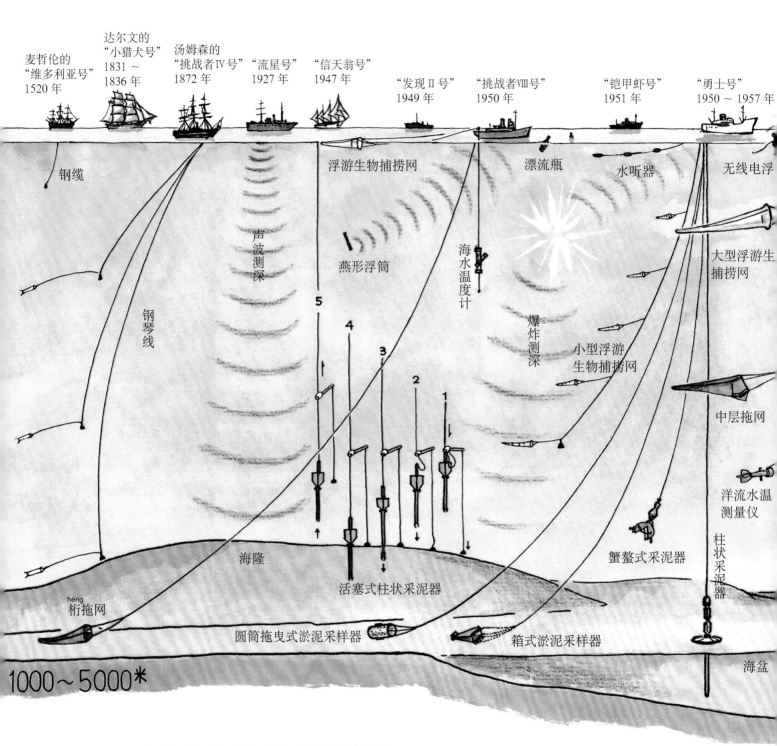

人们不仅研究浮游生物等海洋生物，

还研究海水的流动规律，洋流的变化，等等。

对海里的生物如何增加，如何减少，

也逐渐有了更加详细的认识。

军舰鸟 50 厘米

雷达侦察机

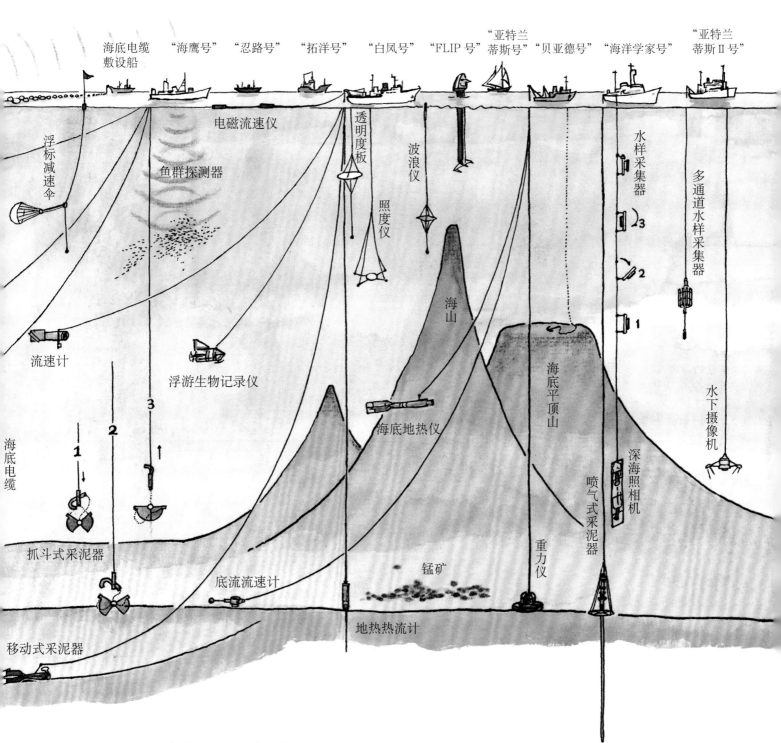

我们也逐渐地了解到，

海底也和陆地上一样，

有山峰，有丘陵，有盆地，

还有一些陆地上没有的奇特地形。

白尾鹲（白尾热带鸟）80 厘米

红尾鹲（红尾热带鸟）80 厘米

热气球

飞艇

早期的飞机

斑嘴鹈鹕 1.9 米

珊瑚礁岛

椰子蟹
13 厘米

5*

绿海龟 1 米

chē qú
砗磲贝 1 米

苔表鹿角珊瑚

石笔海胆
10 厘米

条纹虾鱼
（刀片鱼）
15 厘米

条纹刺盖鱼
（皇帝神仙鱼）30 厘米

半环刺盖鱼
（蓝纹神仙鱼）40 厘米

高鳍刺尾鱼

叶形表孔珊瑚

丝蝴蝶鱼 20 厘米

枝状珊瑚丛

半环刺盖鱼（蓝纹
神仙鱼）的幼仔

微孔珊瑚

深黄镊口鱼（黄火箭）
15 厘米

kào
黄刺尻鱼
15 厘米

花斑短鳍蓑鲉
（狮子鱼）20 厘米

脑珊瑚

苍珊瑚（蓝珊瑚）

条纹蝴蝶鱼
20 厘米

原瘤海星 30 厘米

蓝指海星
15 厘米

鞍斑蝴蝶鱼
20 厘米

黑星宝螺
（虎斑宝贝）7 厘米

石芝珊瑚

单斑蝴蝶鱼
10 厘米

圆砗磲 10 厘米

钻嘴鱼 10 厘米

牛蹄钟螺
5 厘米

蓝刻齿雀鲷 7 厘米

地毯海葵

二带双锯鱼
15 厘米

白条双锯鱼 10 厘米

三带双锯鱼 9 厘米

绿色的珊瑚

副刺尾鱼 30 厘米

驼背鲈（老鼠斑）
30 厘米

36

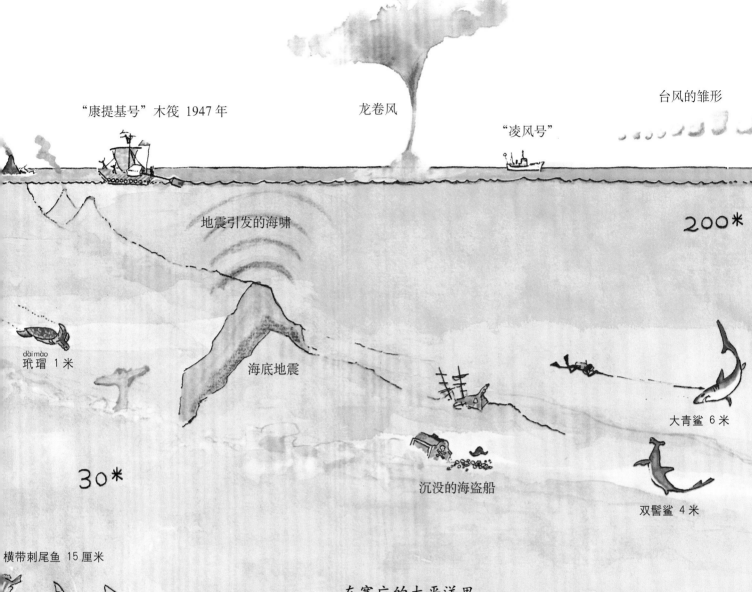

气象卫星

"康提基号" 木筏 1947 年

龙卷风

"凌风号"

台风的雏形

地震引发的海啸

200 米

dài mào
玳瑁 1 米

海底地震

沉没的海盗船

大青鲨 6 米

30 米

双髻鲨 4 米

横带刺尾鱼 15 厘米

在宽广的太平洋里，

分布着许许多多的小岛。

紫鲈 30 厘米

这些小岛

有的是由于火山喷发形成的，

也有许多是由珊瑚礁构成的。

尖翅燕鱼 50 厘米

圆斑拟鳞鲀 30 厘米

半环扁尾蛇 1.2 米

鹦鹉螺 20 厘米

岬海燕 30 厘米

鲸鱼的水柱高度

灰鲸 4 米
北须鲸 10 米
长须鲸 12 米
蓝鲸 15 米

捕鲸船

捕鲸的母船

"开南号" 1912 年

宽吻海豚 3 米

长须鲸 23 米

蓝鲸妈妈 30 米

南极磷虾

虎鲸 9 米

北须鲸 18 米

大王乌贼 3 米

过了热带海洋，

沿着太平洋向南一直前进，

就会到达地球的最南端——南极。

3000~4000米

鲸鱼的尸骨

南极被厚厚的冰川覆盖着，非常寒冷。

但是，那些冰层下面却有一块广阔的陆地。

陆地上有高山，有峡谷，还有火山。

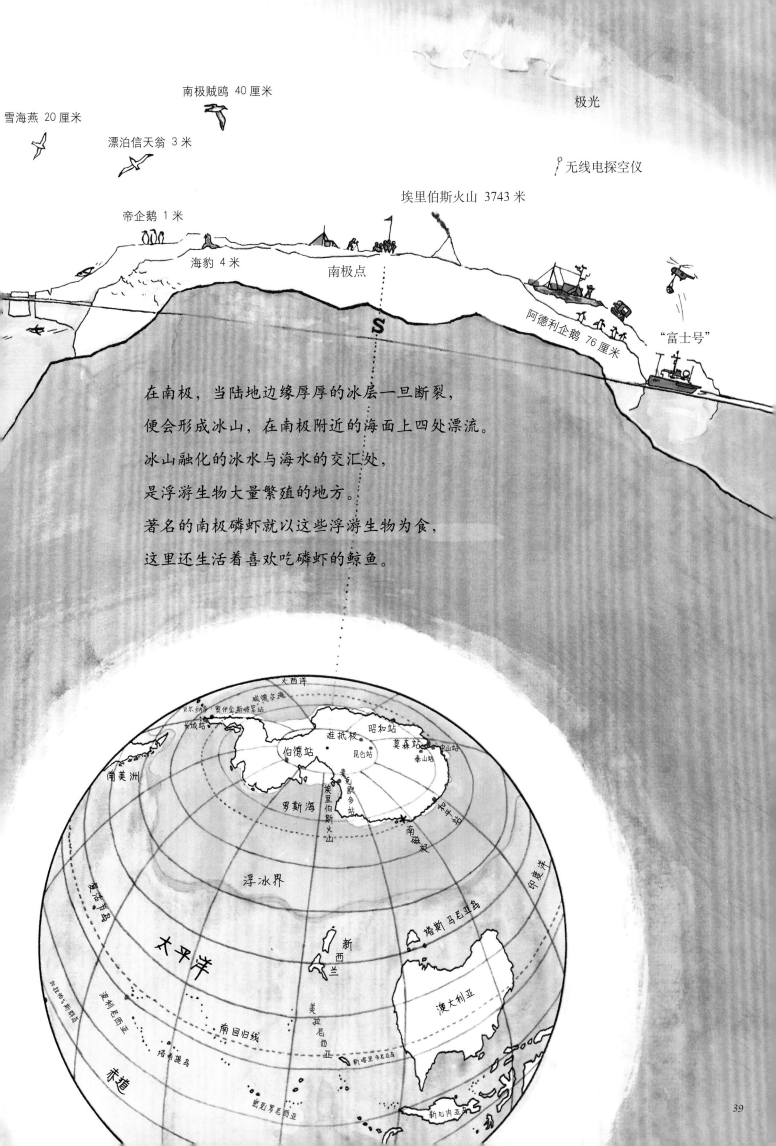

在南极，当陆地边缘厚厚的冰层一旦断裂，
便会形成冰山，在南极附近的海面上四处漂流。
冰山融化的冰水与海水的交汇处，
是浮游生物大量繁殖的地方。
著名的南极磷虾就以这些浮游生物为食，
这里还生活着喜欢吃磷虾的鲸鱼。

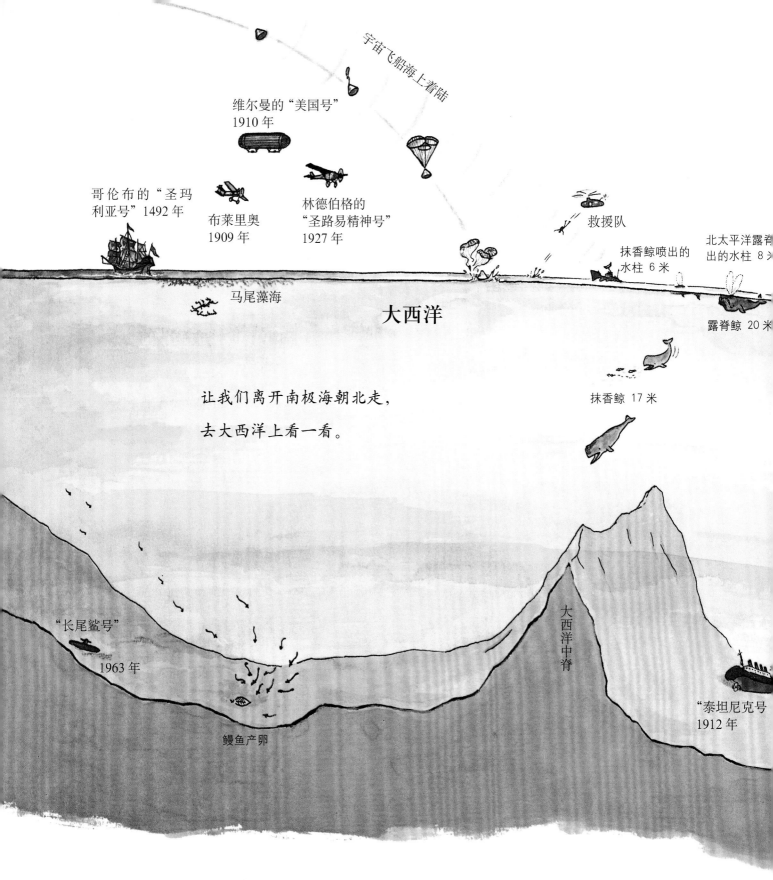

宇宙飞船海上着陆

维尔曼的"美国号"
1910 年

哥伦布的"圣玛
利亚号"1492 年

布莱里奥
1909 年

林德伯格的
"圣路易精神号"
1927 年

救援队

抹香鲸喷出的
水柱 6 米

北太平洋露脊
出的水柱 8 米

马尾藻海

大西洋

露脊鲸 20 米

让我们离开南极海朝北走，

去大西洋上看一看。

抹香鲸 17 米

"长尾鲨号"

1963 年

大西洋中脊

"泰坦尼克号"
1912 年

鳗鱼产卵

在北大西洋的中部，有一个叫马尾藻海的地方。

据说，大西洋中的鳗鱼最喜爱在那里产卵，

因此，那里成了著名的鳗鱼集中区。

在大西洋的海底，从南极附近一直到地球最北端，

海底的山脉连绵不断。能够绵延这么长的山脉，在陆地上是看不到的。

喷气式飞机

超音速喷气式飞机

地球的最北端是北极。

北极没有大陆，

只有很深的海和海底山脉。

这里终年都被冰雪覆盖着。

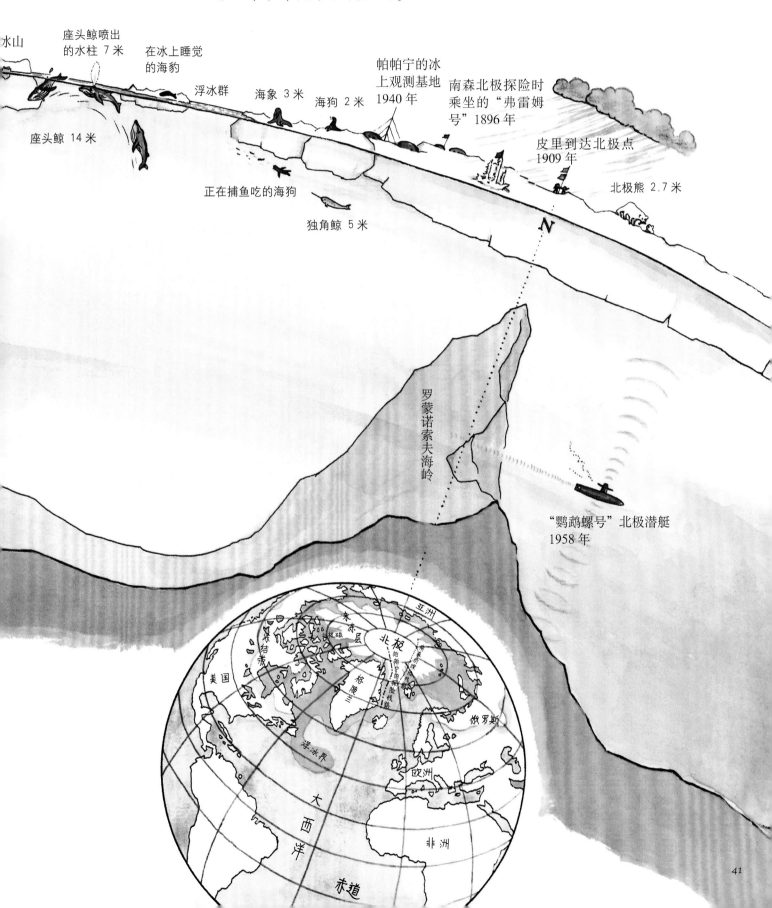

水山

座头鲸喷出
的水柱 7 米

在冰上睡觉
的海豹

浮冰群

海象 3 米

海狗 2 米

帕帕宁的冰
上观测基地
1940 年

南森北极探险时
乘坐的"弗雷姆
号"1896 年

皮里到达北极点
1909 年

座头鲸 14 米

正在捕鱼吃的海狗

独角鲸 5 米

北极熊 2.7 米

N

罗蒙诺索夫海岭

"鹦鹉螺号"北极潜艇
1958 年

北极

亚洲

美国

俄罗斯

欧洲

非洲

大西洋

赤道

我们这样探索着海、研究着海，
不知不觉中已经绕了地球一圈。
探索海也是在探索地球！

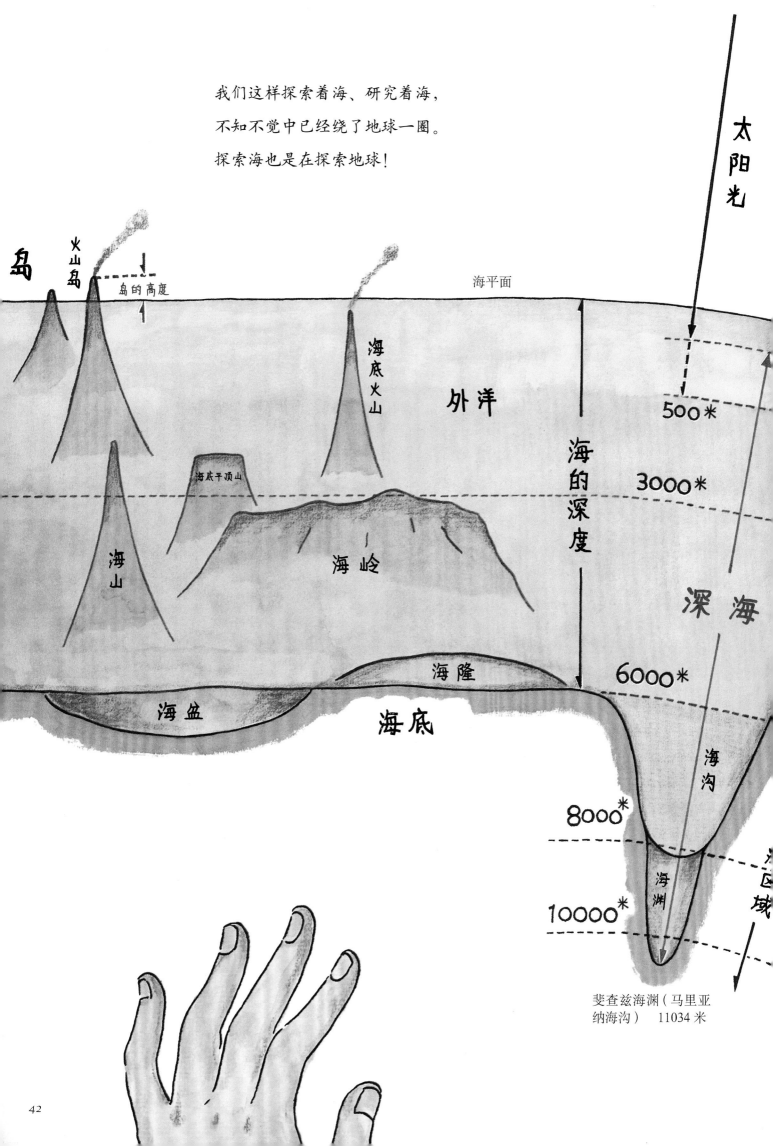

太阳光

岛

火山岛

岛的高度

海平面

外洋

海底火山

海底平顶山

海山

海岭

海的深度

深海

500 米

3000 米

6000 米

8000 米

10000 米

海隆

海盆

海底

海沟

海渊

斐查兹海渊（马里亚
纳海沟）　11034 米

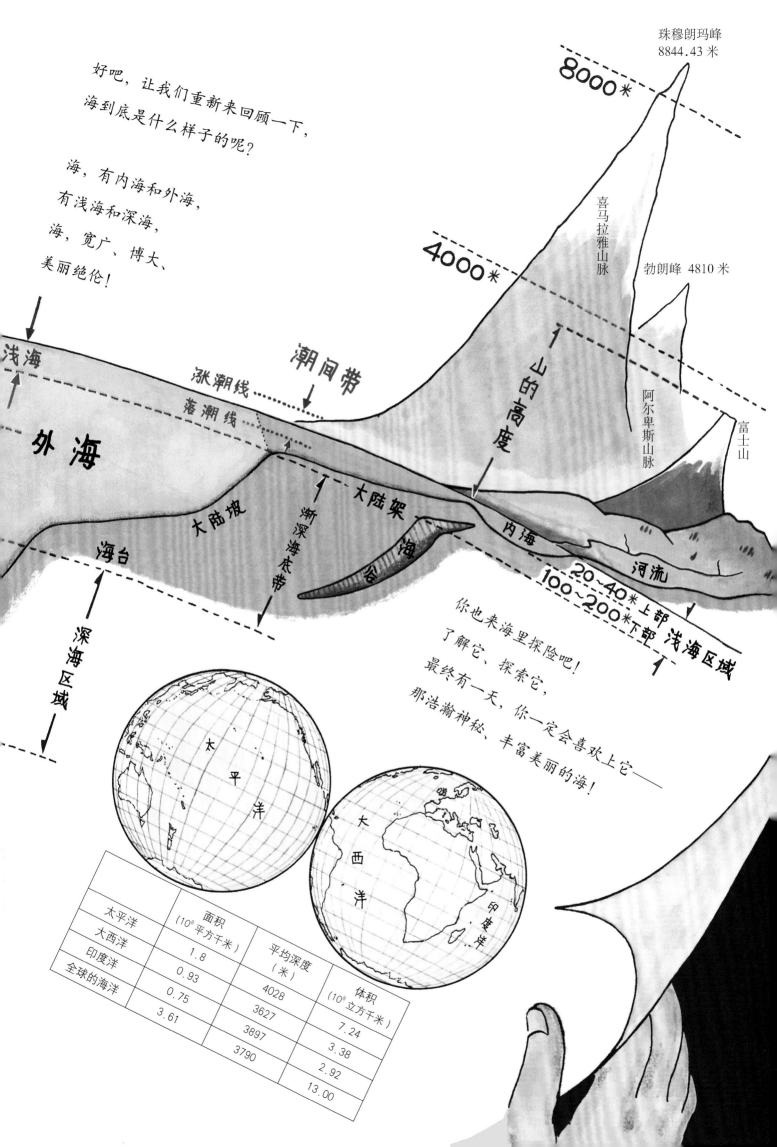

好吧，让我们重新来回顾一下，
海到底是什么样子的呢？

海，有内海和外海，
有浅海和深海，
海，宽广、博大、
美丽绝伦！

珠穆朗玛峰
8844.43 米

8000 米

4000 米

喜马拉雅山脉

勃朗峰 4810 米

阿尔卑斯山脉

富士山

浅海

潮间带

涨潮线

落潮线

外海

山的高度

大陆坡

渐深海底带

大陆架

海底海谷

内海

河流

海台

深海区域

20~40 米 上部
100~200 米 下部 浅海区域

你也来海里探险吧！
了解它、探索它，
最终有一天，你一定会喜欢上它——
那浩瀚神秘、丰富美丽的海！

太平洋

大西洋

印度洋

	面积 （10⁸ 平方千米）	平均深度 （米）	体积 （10⁸ 立方千米）
太平洋	1.8		
大西洋	0.93	4028	7.24
印度洋	0.75	3627	3.38
全球的海洋	3.61	3897	2.92
		3790	13.00

创作笔记

《海洋图鉴》的创作过程

初次萌生以海为题材创作绘本的念头，还是在七年前的夏天。那时，我刚创作完《河川》*。多年来，我一直保持着这样的习惯——每完成一本书都要进行一下反省。我的反省方式也有点儿特别，只是面朝墙上我画的那些草稿躺着，辗转反侧，沉浸在一种淡淡的悔悟和反思中。也许是由于长时间绷紧神经创作后的副作用，这种反省常常要持续一个月之久。完成《河川》后也是这样。当看到《河川》中最后那幅大海的画面时，我忽然产生了以海为主题创作一部绘本的冲动。那天，我躺在那里，就这个念头想了很久很久，然后在一种幸福、满足的状态下睡着了，那种感觉我至今记忆犹新。从那以后，我一有机会就去书店买海洋方面的书，还抽出时间去海边走走，积累了很多想法和资料，但是一直没有时间进行整理，只留下匆匆写就、堆积成山的草稿。就这样，一晃就过去了好几年。

也不知是幸还是不幸，在此期间，人类加快了探索未知自然领域的步伐，先是南极观测，接着是宇宙探险等活动。因此，我们逐渐了解到越来越多有关海洋的事情。拜这些探测活动所赐，我构想中的海洋绘本，也逐渐积累了更多的素材。

以搜集到的海洋素材为基础，我终于在两年前开始着手进行具体的创作。但是，当我咨询专家，对一个个相关的知识点进行调查时，才发现海真是太大、太丰富了！它无穷无尽，而我们对它的了解实在太少。不仅仅是我个人，我们整个人类的了解都非常有限，了解的比例就好比海洋表层相对于整个海洋的比例那样，微乎其微。无知的不仅仅是我一个人——这一点虽令我略感安慰，但也让我被一种严重的不安所困扰。

为了消除心头的不安和迷惘，我穿梭于图书馆等处，阅读了大量的相关文献。可即便如此，往往是一个疑问解决了，另一个困惑又相继而生。满眼的资料像汪洋大

海一样，几乎将我淹没，创作这本书的计划也曾几度濒临触礁。每当这时，我的身边就会响起几种声音。有正面的鼓励："正因为海洋是有待开发的领域，才有出版此书的必要，这对孩子来说也具有更深远的意义。"也有打趣式的、让人哭笑不得的侧面鼓励："海是一个广博巨大、错综复杂、令人生畏的事物，但是俗话说'瞎子不怕蛇'，能做成这件事的就得是你这样的非专业人士。"但不管怎样，在这些声音的鼓励之下，我终于一鼓作气，做出了一本成型的东西，就是大家手头的这本书。

《海洋图鉴》里所倾注的东西

在海的汪洋中几度险些"溺水"的我，到底在这本书里寄托了什么，描绘了什么，想传达给孩子们（以及读到这本书的成人读者们）的又是些什么呢？概括起来，主要有以下三点：

（1）海离我们并不遥远，但是范围太广，难以把握。而我想展示给大家的不是它的某一部分，而是它的全貌。换句话说，不是关于海的零星、个别的现象，而是基本的、框架性的东西。

（2）我将海中生物之间的有机关联，以及局部变化对整体的影响进行了综合整理，目的是想让大家了解更多这方面的信息。（出于这个原因，我除了描绘海洋生物间的食物链与循环，由于地理条件不同而导致的物理、化学上的差异，光、波浪和水压所产生的影响，等等，还将时间的推移用类似于电影慢镜头的方式表现出来。除了大力赞美海洋是一个大宝库外，对其狂暴无情的一面做出描绘，也是出于这方面的考虑。）

（3）为了探索海洋以及与海洋相关的自然，我们的前辈进行了勇敢的尝试。他们运用智慧和坚持不懈的努力，取得了杰出的成绩。他们的精神与成就值得我们继承、学习。我希望，我对这部分内容的描绘，能够让大家更好地了解这段历史，同时去思考，从远古时代人类文明出现之前就已经存在、未来也将继续存在下去的海，对于当下有着什么样的意义。（为此，我尽可能地将南、北极探险和迄今为止海洋研究取得的成果放入书中。偶尔穿越时空，让海盗船的遗骸、"康提基号"木筏及海

---

* 译者注：《河川》创作于 1962 年。（本书中所有的注释均为译者注）

底世界并存于同一画面，也是出于这个原因。这些都是从全人类发展的角度，以及从"将孩子的阅读感受放在第一位"出发来考虑并选择的。）

为了能将以上想法以绘本的形式表现出来，我在书中进行了如下的标示及处理，希望大家能给予理解：

A．为了能够大致进行比较，我附上了一些表示长度的数字，表示该生物（或事物）的大概长度。但是，有些生物在不同地方的大小会有不同，还有一些我没有对其进行过充分调查，因此没有标出长度。

B．有的物种，在不同的季节里或不同的纬度上形态会发生变化，如果完全用固定的方法进行处理，是不符合实际情形的。因此，我尽可能地把这些情况都考虑进去，进行了创作。

C．海如此丰富浩大，很多内容仅凭此书肯定是难以穷尽的。我猜想，孩子们一定会积极地提出很多问题，那时家长可以根据自己的知识、经验，并参看后面对各场景的解说或参照手头的《海洋图鉴》及其他相关图书，耐心、认真地回答。这样，就可以在一定程度上弥补本书的不足，拜托各位啦！

各场景的解说

本书不只是给孩子们看的。为了让家长更好地给孩子讲解，我把各个场景的一些创作体会、创作目的记录了下来，以供参考。

由于篇幅所限，本书中出现的生物或事物不能一一加以说明，因此，我只将自己特别感兴趣的一些东西拿来跟大家分享。

场景 1（P.2～3）描绘的是内海的海滩。同样是海滩，内海和外海的情况很不一样。外海的海滩上通常既有石块又有沙子，出现石块是很正常的现象。而在内海的海滩上很少能看到石块。画面左边的那个男孩，手里拿着一个像花瓣一样的粉红色贝壳，那就是歌里经常唱到的"樱蛤"。樱蛤一般出现在内海与外海之间，颜色更深一些的小王蛤则生活在外海的海滩上。

在入海口附近的草地和河岸上，会看到许多长着漂亮红钳子的红螯螳臂蟹；而在河水和海水混合的水域和

沙滩上，可以看到一种叫圆球股窗蟹的奇怪螃蟹，它们会喷出像丸子一样的小沙团。沙蟹通常会聚集成群，一起上下挥舞大螯，好像在跳舞或做操一样。这样的情形，常常被称为螃蟹体操或螃蟹舞蹈。

这里还有各种各样的鸟：白腰杓鹬、青脚鹬、黄脚鹬、翻石鹬……它们争相鸣唱，叫声煞是好听。

场景 2（P.4～5）这是在海滩上。对于海滩，海洋专家是这样区分的：高潮位和低潮位之间的地带叫作前滨（潮间带），前滨后方的陆地叫作后滨（潮上带），前滨向海方向延伸的部分叫作近滨（潮下带）。在日本，前滨与后滨相连的那部分被称为犬走，所以我在这里画了一只小狗。

场景 1 中出现的圆球股窗蟹，生活习性一般是笔直地向下挖洞。而在涨潮时灌满海水的坑洼中，仅露出一双像潜望镜般的眼睛的螃蟹叫日本大眼蟹，它的洞穴呈 V 字形。这些螃蟹虽然都属于蟹科，却各有其独特的生活习性。

柱头虫的头部长得很像桥栏杆上的灯柱，它因此得名。同时，因其吻部很长，所以也被称为长吻虫。它看起来似乎是较低等的动物，但从动物学的角度来看，却有着与高等脊椎动物相近的祖先，这对于进化论的研究有重要的意义，因此，这种虫子受到了广泛的关注。巢沙蚕是沙蚕中的一种，它会把贝壳的碎片、草屑、海藻、沙粒等围绕在身体周围，然后像蓑衣虫一样住在里面。

寄居蟹一般生活在沙滩和海边的岩石缝隙里。它吃掉海螺、蜗牛等软体动物，然后用尾巴钩住螺壳的顶端，几条短腿撑住螺壳内壁，长腿伸到壳外爬行，用大螯守住壳口，把人家的壳占为己有。随着身体的长大，它会换不同的壳用来寄居。海葵很爱依附在寄居蟹的螺壳上，当寄居蟹要"搬家"时，它也会主动地移到新壳上。这是因为寄居蟹喜好在海中四处游荡，使得不擅长移动的海葵随着它的走动，扩大了觅食的领域。而对寄居蟹来说，一则可用海葵来伪装，二则可以靠海葵分泌的毒液杀死天敌，保障自己的安全。因此可以说，它们俩是"双赢"的合作关系。

场景 3（P.6～7）这是海里水不太深的地方。各种

各样的双壳贝*把足伸进沙子里，然后靠着足的巧妙伸缩，慢慢地往沙子深处钻。文蛤们会利用黏液来"吐泡泡"，靠着这些大气泡随潮水一起移动。海里生活的文蛤，往往数量比花蛤多。文蛤跟斧文蛤虽然有些类似，但也有很多不一样的地方，比如，文蛤的外形是非等腰三角形，生活在内海；而斧文蛤的外形则接近于等腰三角形，且大多生活在外海。

双壳贝一般不会钻得太深，受到潮水冲刷后，常常会从沙子里露出来。蛏子则是例外，它会使劲地往沙子里钻，即便挖开沙子，往往也很难抓到它。不过，蛏子呼吸时会射水把沙子分开，往它射开的小洞里撒一把盐，它就会受惊立刻往外蹿，这样就能抓住它了。

斑背潜鸭会踩着水面向前滑翔；矶鹬的特征则是一边唧唧叫，一边在海面上方低低地盘旋；红嘴鸥的嘴和脚是红色的，头部是黑色的，很容易与其他海鸥区分开来。

场景 4（P.8～9）描绘的是内海中平静的浅海区域。鲻鱼非常常见，几乎遍布于世界各地的温带和热带海洋。它在生长的各个阶段，外观特点会发生变化，因此地方上对于幼鱼和成鱼有不同的叫法。在中国南方，幼鱼被称为青头仔，成鱼则被称为奇目仔。鲻鱼会借助尾巴和腹部拍打海面时的反作用力弹起，跳跃在海面上。用渔网捕捞时，它会在水面上一蹦一跳地逃出渔网。它那飒爽的弹跳身姿和针鱼优美的潜水身姿交相呼应，形成鲜明的对比。

紫菜多生长在潮间带，是很多种海藻的统称。把一种叫作条斑紫菜的紫菜晒干、烤熟之后，就变成了香香脆脆的海苔。海苔含有粗蛋白，维生素 A、B、C 丰富，并含碘、磷、钙等营养成分，可以用来制作包饭、寿司，也可以加入调味料，做成零食。

很多人都知道，海马的生育过程比较特殊，是由雌海马将卵产在雄海马腹部的育儿囊里，由雄海马进行孵化。因此，小海马可以说是从"海马爸爸"的肚子里生出来的，这种奇异的特性跟世界上的其他物种很不一样。本场景右侧画面中出现的海龙，和海马一样，也是由雄

性在腹部孵化小海龙。它们都属于海马属。

海发菜和石海蕴都是吃生鱼片时常见的配菜。鸟尾蛤、海蚌等，也都可以食用，在日本是做握寿司的重要原料。

在浅海里生长繁殖的大叶藻，对于鱼类来说是产卵的绝佳场所，因此，喜爱钓鱼的人也乐于见到它们。普通海藻都属于孢子植物（又叫隐花植物），仅在东亚近海，为人们熟知的就有 600 多种；而大叶藻则是为数不多的生活在海里的种子植物（又叫显花植物），它又被称为海之草，在全世界仅有 37 种。日本古诗歌中吟诵的"藻盐草"（意为"制盐用的海藻"），说的就是大叶藻。古人将摘来的大叶藻进行烧制，从中提取食盐，"藻盐草"因此得名。

海星是一种食肉动物，有两个胃，一般有五条腕，嘴在身体下面。它平时在海底缓慢行进或静静蛰伏，不动声色，一旦遇到牡蛎等贝类，就突然跃起，用腕紧紧抓住猎物并用整个身体将其包住，然后用强有力的吸盘管足把紧闭的贝壳使劲拉开，接着把一个胃从身体里面射出，挤入贝壳，包住贝壳的身体，分泌消化液，将其慢慢消化。另外很有意思的是，海星具有迅速再生的能力。切掉它的一条腕，没过多久就能长回来。少数海星切下的腕甚至还能长成一只新海星。

紫贻贝的肉晒干了以后叫淡菜，用来做汤或者粥很好吃。血蚶的血液中富含血红素，所以它的肉是鲜红色的。它也是一种非常美味的贝类。

场景 5（P.10～11）描绘的是岩石较多的海湾。这里也有像鲻鱼一样随着生长而改变形态的鱼，如海鲈鱼、黑鲷鱼。海鲈鱼是一种可以往来于淡水与咸水之间的双栖鱼类。海鲈鱼左边的沙梭鱼画的是白沙梭，此外，还有一种被称作青沙梭。黑鲷鱼一般也会像沙梭鱼那样用嘴吹开沙子，或者用尾巴扫开沙子，吃里面的沙蚕。另外，黑鲷鱼还有杂食的奇怪习性，用西瓜和萝卜当饵也可以将成年黑鲷钓上来。

枪虾的左右两只螯一大一小，它身长约 5 厘米，可大螯就有 2.5 厘米之长。大螯迅速合上时会喷射出一股高速水流，将小鱼、小虾等猎物击晕甚至杀死。这股高速水流在水下会发出巨大的咔嗒声，所以枪虾也被称为

---

*双壳贝，就是身体左右两侧各有一枚壳的贝类，该场景中的花蛤、文蛤、蛏子等都属于双壳贝。

咔嗒虾。

丑鸭其实是一种非常漂亮的鸟，之所以叫这个名字，是因为它的羽毛色彩斑斓，酷似意大利哑剧中多姿多彩的角色——丑角。丑鸭一般五六只结成一群，它们都是潜水高手。红喉潜鸟和太平洋潜鸟会追赶玉筋鱼（见场景8）之类的小海鱼，这些小海鱼在仓皇之中朝深海里潜，许多深海里的大型鱼类，如鲷鱼、海鲈鱼等就被吸引过来。它们为了追赶这些小海鱼，会往海面上游，这时，守候在海上的渔船便可轻松地捕获这些大鱼。这种捕鱼方式在日本被称为鸟持网待，意思是，看到鸟儿在哪里飞，就知道该向哪里撒网，这种方法在濑户内海一带很流行。太平洋潜鸟有一个与其他海鸟不同的习惯：当它朝海面俯冲时，会像画面中那样将脖子使劲下探，与身体垂直，借此来平衡俯冲时的身体重心。

画面右侧的马氏珍珠贝通常用来培育珍珠。像图中所画的那样，它通常栖息在潮下带的岩石上，依靠足丝附着在浅海岩石或珊瑚上。马氏珍珠贝是双壳贝中的一员，是一种非常普通的贝类。在培育珍珠时，人们将用贝壳磨成的小圆珠放入马氏珍珠贝里，为了防止小圆珠流失，又把马氏珍珠贝装进一个小笼子，再系在木筏上，在海中放置一到两年。这样，珍珠贝里就会培育出美丽的珍珠来。虽然鲍鱼（见场景7）和湖蚌（学名是褶纹冠蚌）也能培育珍珠，但是它们产出的珍珠无论质量还是数量都无法跟马氏珍珠贝相比。因此，养殖马氏珍珠贝可以带来极大的经济效益。

左图的海底，有一种圆圆的类似古代铜钱的生物，叫作沙钱。沙钱属于棘皮动物门，海胆纲。与海胆一样，它的整个身体都被棘刺包围着。但与海胆不同的是，它们的棘刺细小，且呈绒毛状。这些细绒毛棘刺的主要作用是挖沙，以让身体潜入沙中。沙钱的主要食物是浮游生物与一些藏在沙中的有机物质。它有一种奇妙的能力，就是遇到危险时会进行自我克隆。它对鱼类的唾液非常敏感，当感觉到周围环境出现鱼类唾液时，就立即把自己分成两部分或生出脱离母体的小芽，进行自我保护。

梭子蟹刚出生时，附着在海面的流藻上，随着波浪远行。等它们长大后，身体最后面的一对足发育成扁平的桨状游泳足，这时，它就可以在海上自由自在地畅游了。

角贝跟我们平常见的贝壳不太一样，长得像尖尖的牙，生活在深水中。

脉红螺的卵产在甲壳质的狭长卵袋中，每一卵袋包含卵子数百至数千个，3～4星期之后会破袋而出。

海燕其实是海星的一种。它的腕比较短，一般是5根。

场景6（P.12～13）描绘的是海岸岩礁地带的情形。左图的大礁石上，蓝矶鸫一家几口正在争相高声鸣唱。

海蟑螂其实不是昆虫，而是一种甲壳动物。它常在岩石岸、码头、船坞等处成群出现，喜欢吃海藻，尤其贪食紫菜。

石鳖喜欢吸附在岩石上，刮食上面的藻类。想把它从岩石上强行撬下非常困难，因为它脚上的肌肉一收缩，能使脚与岩石之间形成一个真空的腔，另外，它还能分泌黏着物，这些本领让它紧紧地粘在岩石上，任凭多大的外力都无法动它分毫。石鳖爬行的速度很慢，多半在夜间才行动。

颈带鲾是一种银色的鱼，它身上有很多奇特之处：口部可以像蛇一样伸出来，下颌的骨头能摩擦发出“咯吱咯吱”的声音，而且食道附近有发光的微生物。颈带鲾可以制成鱼干，蘸着醋食用。

鬼鲉的长相有点吓人，它的鳍上有刺，刺里有毒腺组织，毒性很强。人被刺后会产生剧烈阵痛，有时甚至会持续数天。

这一场景中还画了海牛和海兔。也许有人觉得它们看起来有点可怕，但其实它们多半是海螺家族里的成员，只是因为壳退化了，外表已经完全不像海螺，只有体内还保留着海螺的特征。它们和海螺的关系，就好比陆地上鼻涕虫和蜗牛的关系，大家不妨这样联想。

海胆浑身都是刺，它的刺是用来御敌的，还可以帮助它运动，脱落了会再长出来。它对水质非常敏感，要是它的刺脱落了，就说明水质已经变坏。顺便说一句，脱去了刺的海胆，表面的花纹非常漂亮，下次如果有机会吃它，可以好好观察一下。

九孔螺看起来就像场景7中出现的鲍鱼的迷你版，身上的孔有6～9个。角蝾螺喜欢波涛汹涌、多褐色海藻的海岩礁石区，据说生活在这样的地方，它的角会发育得更好。角蝾螺是雌雄异体的，大家在吃著名的"壶烧蝾螺"时观察一下，颜色偏绿的是雌蝾螺，颜色呈暗黄色的则是雄蝾螺。

丝背细鳞鲀，俗称剥皮鱼，因烹调时须将其粗糙的皮扒下而得名。它在英文中叫 leather fish，意思是像皮革一样的鱼。但是据说在夏威夷等地，会将剥皮鱼连皮带肉一起烧制。它头部的刺可以竖起来，也可以贴着身体。要钓这种鱼，可以将坚硬的贝类敲碎后做鱼饵。

画面右上方有一个人正在钓鱼，他想钓的是无备平鲉。技术高超的钓鱼人可以像这样在鱼线上挂好多个鱼钩，这样就能同时钓到好几条鱼。不过，画面上的这位似乎不够熟练，他误将河鲀钓上来了。河鲀因为生气，肚子鼓得很大，浮在了海面上。仔细看看画面，找到鱼线附近那只鼓肚子的河鲀了吗？

场景 7（P.14～15）终于来到波涛汹涌的外海了！左图中的海女正在采集海藻、鲍鱼等海洋生物。她只带了潜水镜和小铁刀。一般情况下，海女能潜到 20～30 米深的地方，也有的能潜到 40 多米深。画面上还可以看到捕捞海参的情景。画面上的渔民用嘴叼着透视镜，一只手拿着鱼叉，另一只手摇着桨，边寻找海里的海参边巧妙地移动着渔船。这里也画上了大名鼎鼎的鲍鱼。鲍鱼在日本被叫作"单相思"，常被用来形容单恋的人，因为它属于单壳贝类，看起来就像是双壳贝类的一个单片。有的鲍鱼壳上孔多，有的则少一些。鲍鱼喜欢吃软海藻。

小银绿鳍鱼是一种红色的底栖鱼，它的胸鳍和腹部下方的三根游离鳍条就像是脚，让它可以在海底爬行着寻找食物。另外，小银绿鳍鱼体内的鱼鳔能发出相当大的声音。

海洋里也有许多身上长着条纹的鱼，细分起来可以分为好几类。像鳗鲶和细刺鱼这样，如果将它们嘴朝上拎起来，可以看到身上的纹路是从头到尾排列的，这种被称为竖纹鱼；条石鲷和马夫鱼的纹路是从后背到腹部排列的，这种则被称为横纹鱼。

章鱼有喜欢钻洞的习性，因此一些渔民特制出陶罐，用绳串在一起沉到海底，待章鱼钻进去安了家，再往上拉起来，这样便可以毫不费力地捕到章鱼。不过别看它

这么容易上人类的当，章鱼其实是种很聪明的动物，它甚至被科学家们认为具有使用工具的能力。澳大利亚的科学家们就曾发现，有四只章鱼身上携带着椰子壳，并把椰子壳当作栖身之所。它还有很强的再生能力，遇到敌人时，如果腕被对方牢牢地抓住，它就会自动抛掉腕，自己往后退，让蠕动的断腕来迷惑敌人，趁机赶快溜走。每当腕断掉后，伤口处的血管就会急剧收缩，使伤口迅速愈合，所以伤口是不会流血的，第二天就能长好，不久就会长出新的腕来。

樱花虾是一种可爱的小虾。近年来的研究表明，它会帮海鱼们清理身上的脏东西和寄生虫，因为这一习性，它能与许多鱼类形成清洁共生关系。加上它的身上有红白蓝三色横纹，而理发店门前的灯箱往往也是红白蓝三色，所以它还获得了"海鱼理发店"的绰号。

海鲫为卵胎生动物*，它的卵会在子宫内孵化成 4～5 厘米长的幼鱼，每胎能产 20～30 尾幼鱼，这种生殖方式在鱼类中不常见，它也因此而闻名。

蹙是跛脚的意思，所以蹙鱼还有个名字，叫跛脚鱼。它不大会游水，常常使用胸鳍和腹鳍行走，看起来好像在跛着脚走路。蹙鱼生活在海底，有触角，触角前端有"钓饵"，它把触角呈 8 字形摇动，引诱鱼上钩后一口吞掉。

这里还分布着种类繁多的珊瑚，有柳珊瑚、红扇珊瑚、橙杯珊瑚、棘穗软珊瑚、海鸡冠珊瑚、直真丛柳珊瑚、日本汽孔珊瑚、似筒星珊瑚、树珊瑚、红手指珊瑚等，这些珊瑚和等指海葵一样，都属于腔肠动物。

宽纹虎鲨有锋利的牙齿，能撕开、咬断十分坚硬的物体，如将蝾螺等外壳坚硬的贝类咬碎后吃掉。它的卵是圆锥形的，呈螺旋状分布，通常产在海藻丛里。同属鲨鱼家族的白斑星鲨是一种卵胎生动物，它的幼鱼在体内孵化后出生。锯鲨也是卵胎生动物，它外表看来好像极具攻击性，但实际上在鲨鱼中属于性格温和的一类。

场景 8（P.16～17）描绘的是海岸附近开发海底油田、挖掘隧道的情形。

海洋中埋藏着许多未被人类开发、利用的资源，如石油、煤炭、天然气，还有锰、镍、钴、铜、铁、黄金、

---

* 人或某些动物的幼体在母体内发育到一定阶段以后才脱离母体，这种生殖方式叫胎生。卵胎生介于卵生和胎生之间。

钒、铀、钛、铬、铂等金属。开发这些资源需要有相应的挖掘工具，世界各国的海洋研究机构都投入了大量的人力物力来研究、制造这些开发海底的工具，并取得了丰硕的成果。

除此之外，人们还在海中建立海底牧场，养殖各种各样的海洋鱼类。栽培、繁殖海藻等生物的海洋农业也日渐兴盛。如今，人们正在大量养殖鰤鱼、河鲀、真鲷、海鲈鱼、对虾、鲍鱼、扇贝等海洋生物，也在栽培各类海藻。

在这一海域中，可以见到很多 V 字形的尖尖的大峡谷。这类峡谷中最典型的就是美国哈得孙海底峡谷和日本东京湾口的大峡谷。科学家们一直在不断地研究它们形成的主要原因。沙流沿着陡峭的峡谷壁，如同奔腾的河流或瀑布一样飞泻而下，直冲尖尖的谷底。

场景 9（P.18 ~ 19）描绘的是大陆架上的情形。大陆架也叫大陆浅滩，是指环绕大陆的浅海地带。根据国际海底地形命名委员会给出的定义，大陆架是指：大陆周围较为平坦的浅水海域，从岸边的低潮线直至海底坡度显著增大的大陆坡边缘为止的海底区域。如今，由于海底资源开发、渔业权等经济问题，以及国际军事问题，大陆架受到世界各国的高度瞩目。不过其实长期以来，它一直在地质学和地球物理学上占有重要地位。

这里画出的叉牙鱼，平常生活在深海区域，但到了初冬产卵季节时，便会蜂拥至亚洲东北部的海岸，因此才会在这里的大陆架上看到它们。用叉牙鱼做的鱼干和盐汁火锅*很有名。这里也有各种各样的可食用海藻。

用来捕鳕鱼的延绳钓有时会像竹帘一样垂在海水中，在这里，我画的是一个"躺"在海底的延绳钓。延绳钓是指：从船上向海中放出一根长达100千米的主线，上面每隔一定间距系有支线和浮子，借助浮子的浮力使支线上的鱼饵悬浮在水中，引诱鱼上钩。

右边画面的上方有一只体型很大的海鸟，叫大贼鸥。之所以叫这个名字，是因为它经常袭击其他海鸟，抢夺食物。在画面上，大贼鸥的斜下方有一只正叼着食物的三趾鸥，从大贼鸥扑棱着翅膀准备俯冲的姿态不难猜出，三趾鸥饱餐一顿的希望即将落空。

---

*所谓盐汁指的是叉牙鱼经盐腌制、发酵后制成的鱼酱。将叉牙鱼或其他应时鱼类、蔬菜与盐汁一起烹煮，就是盐汁火锅。

萤火鱿白天待在海的深处，晚上游到浅层寻找食物。它们平时发光是为了引诱猎物。而在繁殖季节，它们游到距离海岸很近的地方，靠发出荧光吸引异性。地球上观看萤火鱿的最佳之处是日本的富山湾，每年3月到5月间，可以看到海面被它们照得磷光闪闪，非常美丽。之所以会如此，是因为富山湾有一个 V 字形的海底山谷，海底在那里突然下降，海流经常由下往上涌，把那些萤火鱿推到了上面。

阿拉斯加帝王蟹最重的可以达到10千克。值得一提的是，一般的蟹类都是横向移动，而帝王蟹不但可以横向移动，还可以前后移动。

场景 10（P.20 ~ 21）是亚洲东部日本岛以南的大陆架。定置网一般是在海里布下墙网，然后用渔网最前部的口袋捕鱼。这种网从10米左右的小型网到100米以上的大型网都有，外形与结构的设计都颇具匠心。因为要放在海里数月之久，所以必须选择结实的材料。在放置渔网之前，还要弄清潮水的流向和鱼群游经的线路，这两点也十分重要。

真鲷又叫加吉鱼，它无论是从外形、口味，还是从海洋生态的角度来说，一直都堪称海鱼中的代表。真鲷一般生活在30 ~ 150米深的岩礁附近，以虾、蟹、贝类及海藻为食。

鲷科的鱼类有犁齿鲷、二长棘犁齿鲷、黄鲷等红色系的，也有黑鲷（见场景5）等黑色系的。

真鲷下面那只十分醒目的红色螃蟹叫隆背蟹。因为颜色赤红，螯又比较长，很容易让人联想到猿猴，所以它在日本又被叫作猿猴蟹。

附着在流藻上的幼鱼中，有一种在日本被称为藻杂鱼，它们是鰤鱼的幼仔，渔民们每年都能捕捞到两三千万条。长大后的藻杂鱼，如果在天然海域里长大的就叫鰤鱼，而人工养殖专门用来食用的，在日本被称为红甘鲹。鰤鱼在日本有100多种不同的名字，是日本各地人们喜爱的一种吉利鱼，也是正月里或喜庆之日餐桌上必不可少的美味。除藻杂鱼外，刺鲳（见场景7）、锦鳚（wèi）、竹荚鱼（见场景7）、眼鲷（见场景12）、条石鲷（见场景7）、斑鲅鱼、剥皮鱼（见场景6）、无备平鲉（见场景6）、飞鱼（见场景14）、针鱼（见场景4）

等海鱼的幼鱼也会随流藻漂浮在海上生活，逐渐长为成鱼。

比目鱼的双眼长在身体的同一侧。不过，刚孵化出来的比目鱼幼体，完全不像父母，跟普通的鱼类一样，眼睛长在头部两侧，每侧各一个，对称摆放。但是大约20天之后，它的形态就开始变化了——一侧的眼睛开始"搬家"，通过头的上缘逐渐移动到对面的一边，直到跟另一只眼睛接近时，才停止移动。不同种类的比目鱼眼睛搬家的路线有所不同。比目鱼在水中游动时，不像其他鱼类那样脊背向上，而是有眼睛的一侧向上，侧着身子游泳。平时，它常常平卧在海底，在身体上盖一层沙子，只露出两只眼睛以等待猎物、进行捕食。这样一来，两只眼睛在一侧的优势就显示出来了。

海笔其实是一种珊瑚，整个躯体由钙质的针骨构成，形状有点像鹅毛。它们生活在深海底，不喜欢群居，常常是单独居住在海底的沙地上。

鮟鱇鱼背鳍最前面的刺像一根长长的钓竿，前端有皮肤皱褶伸出去，看起来很像鱼饵。它的"鱼饵"会发光，深海中很多鱼都有趋光性，所以常常会上它的钩。但这个"灯笼"有的时候也会引来敌人，因此当遇到凶猛的鱼类时，鮟鱇鱼会迅速把"灯笼"塞回嘴里。不过，不是所有的鮟鱇鱼都有这个小钓竿，雄鮟鱇就没有。一般雌鮟鱇体形较大，而雄鮟鱇只有它的六分之一大。在海中，雄鱼一旦找到雌鱼，就会咬破雌鱼腹部的组织并贴附在上面。而雌鱼的组织生长迅速，很快就可包裹住雄鱼。最后，雌鱼就带着寄生在自己体内的雄鱼一齐沉入海底，终身向它提供营养，开始它们的"二鱼世界"生活。

场景11（P.22～23）描绘的是未来海底开发的情形。比起遥不可及的宇宙，海洋离人类如此之近，但我们对它的了解却还远远不够，它的大部分领域还处于未被开发的状态。这跟海洋里潜伏的种种危险与障碍有很大的关系，比如水底的高压、黑暗、侵蚀、风浪、海底漩涡等。人们在进行深海潜水时，需要带上呼吸用的气瓶。气瓶里的气体，一部分是氧气（大约占21%），另一部分是用以稀释氧气的气体。我们平常呼吸的空气，主要成分是氧气和氮气，但是在深海中，随着水压的增大，血液中的氮气溶解率也随之增大，增大到一定程度

时会导致氮气迷醉现象（潜水者会变得兴奋、多话、反应迟钝、记忆丧失，严重时甚至失去知觉）。所以，如果潜水者在深海中需要停留相当长的时间时，常用氦气作为稀释气体，但氦气的缺点是会使体温降低、说话声音改变及产生高压力神经症候群。此外，氧气浓度过高会导致氧气中毒，浓度太低则又会导致组织缺氧，因此在配制深海潜水所用的混合气体时，要格外注意比例。此外，还需要将呼出的二氧化碳除去，否则会引起头痛、晕眩等不适症状。

为了克服这些问题，人们在相关的高端技术领域进行了细致的科学研究。世界各国政府都在持续筹划、扶持被称为"大科学"（big science）的技术研究，如法国的海中居住计划，美国的海底实验室计划、海中居住计划、陨石计划等等。在美国，与海洋开发相关的大公司超过200家，针对200米以上深度海域的各种开发构想与实验都得到了积极、稳步的推进。这些开发构想与实验主要围绕海底作业基地、海底推土机、海底探索挖掘机、电气化浮标、耐压舱、高速潜水艇、大型水翼船、气垫登陆艇、海中住宅、海底工厂、海底都市、海中研究所、人工岛等领域进行。

场景12（P.24～25）是由大陆架向海洋更深处延伸的地方。在这里，有一种特殊的生物值得一提，名叫偕老同穴，也被称为玻璃海绵，属于海绵科。这种海绵形状像网兜，四周布满小孔。它在幼年期会张开口，然后就会有一对叫作俪虾的小虾（一雌一雄）进入里面。这种小虾透明而纤弱，幼年时钻入这种海绵，然后终生生活在海绵体内，相随相伴，直至终老，因此这种海绵才被称为偕老同穴。人们在结婚仪式上常说的"白头偕老"，以及"生偕老，死同穴"这样的句子，也许最早就源自这类生物现象吧。

红翁戎螺大约在5亿年前就已出现，曾经是地球上繁盛一时的贝类生物。它于1856年被发现于西印度群岛，被学术界称为"万年活化石"之一，这样的贝类活化石在亚洲东部海域能找到的有6种。在日本冲绳岛附近的深海就能找到红翁戎螺，日本还于1962年发行了以它为图案的4元面值的邮票。

海百合是一种棘皮动物，在距今约4.8亿年前的奥

陶纪就已经出现了。在中国贵州的关岭，发现了大量的海百合化石。现存的海百合还有好几百种，它们的外形非常美丽，像是一朵朵盛开在海底的花。

拂子介是一种海绵，因其形状如同道士手执的拂尘得名。它也是一种很古老的生物。

左图中间有一种叫作巨螯蟹的大海蟹，它的两个大螯伸展开之后有3米多长，被称为世界上最大的螃蟹。既然提到了最大的螃蟹，顺便也提一下最小的螃蟹——豆蟹，它的体长还不到1厘米。

蛇尾跟海星和海胆一样，也属于棘皮动物。它的结构与海星相似，但体盘相对较大，盘与腕之间有明显的交界，而海星腕与盘的交界一般不太明显。蛇尾的腕特别细长，比盘的直径长几倍至十几倍。它的再生能力很强，虽然腕很容易断，但不久就会长出来，甚至连体盘损伤或失掉后也能够再生出来。

右图海面附近的剑旗鱼和平鳍旗鱼都长着长长的、锋利的嘴，主要以乌贼和鱼类为食，但有时也会袭击鲸和渔船。剑旗鱼是海中的游泳好手，时速可以高达130千米，比一般的汽车还要快。它的嘴占身长的近三分之一。每当遇见鲱鱼、乌贼等体型较小的鱼群时，它便会冲入其中，快速挥舞长嘴，把小鱼击昏后吞食。在游泳时，长长的嘴还能起到劈水的作用，保证它能在水中急速游动。

翻车鱼是长达3米多的巨大海鱼，虽然"巨大"，但并不凶猛。它生性孤独，主要以海蜇为食物，喜欢躺在海水上层静静地"睡午觉"。科学家们猜测，它这样可能是为了利用太阳光的热量杀死寄生虫；可能是在晒太阳，增加肠胃蠕动，促进消化；也可能是想吸引海鸟过来，啄食身上的寄生虫。它的身形笨拙，常常被海洋中的其他鱼类吃掉。不过好在它具有强大的生殖力，一条雌鱼一次可产3亿颗卵，在海洋中堪称是最会生产的鱼类。

烛光鱼的腹部和腹侧有多行发光器，犹如一排排的蜡烛。

海蜘蛛形似蜘蛛，几乎各大洋中都有它们的存在。它也是一种非常古老的生物，有科学家发现，它在大约4.5亿年前便已经出现了，与陆地上的蜘蛛有着很近的亲缘关系。

这里还有必要说一下鲫鱼。鲫鱼主要靠头部的吸盘吸附于船底或鲨鱼和海兽的肚子上，甚至吸在游泳者和潜水员的身上，在世界各个海洋里"旅游"。当到达食物丰富的海区时，它就脱离宿主，饱餐一顿，然后吸附于新的宿主，继续向别的海区转移。它的主要食物是浮游生物和大鱼吃剩下的残渣，有时也捕食一些小鱼和无脊椎动物。

皇带鱼是世界上最长的硬骨鱼。它生活在深海中，数量又非常稀少，所以人们对它的了解并不多，渐渐产生了很多传说，比如日本渔民把它称为龙宫使者，还相信它的出现预示了大地震，等等。

1967年，37岁的日本帆船冒险家鹿岛郁夫乘坐"古拉萨号"帆船，独自一人横渡太平洋，总计航行了101天。不过，这个记录很快便被英国人罗宾·诺克斯·约翰斯顿打破了。"卡内基号"是一艘568吨位的美国海洋调查船，它是一艘无磁性船（全部由木头及其他无磁性材料构成），对海上地磁观测做出了很大的贡献。不幸的是，1929年，"卡内基号"在萨摩亚群岛补充能源时，不幸发生爆炸沉没，除船长外的所有船员全部殉职。

场景13（P.26 ~ 27）描绘的是海沟和海渊，同时也将人类探测深海的历史和深海的温度、压力等标示了出来。右图上方是一些历史上的贸易商船、海盗船或军舰。

最早从公元前350年的古希腊亚历山大大帝时期起，人们就开始试着潜入海底一探究竟。之后，人类为了向海底进发，付出了种种努力，1960年，"的里雅斯特Ⅱ号"创下了抵达全球海底最深处的纪录。

看看左图就可以想象得到，海洋中太阳光能抵达的范围是多么少，而深海里又是怎样的一片漆黑。

日本与中国隔海相望，自古以来在贸易、文化方面的交流就非常频繁，在中国的隋朝、唐朝和明朝，日本政府都曾派遣使节来访，他们乘坐的船被称为遣隋使船、遣唐使船和遣明使船。八幡船也被称为倭寇船，是在日本室町时代（14 ~ 16世纪），打着"八幡大菩萨"的旗帜，侵扰中国及朝鲜沿海的海盗船。1543年，葡萄牙船只来到了日本的种子岛，将枪炮和基督教传入了战国时代的日本。朱印船是17世纪初得到日本政府特许，能够与中国台湾、越南等地进行贸易的商船。

1782年，在严格奉行闭关锁国政策的日本，著名政治学者林子平曾经将荷兰船只的样子描绘出来，借以说明日本正落后于世界。1791年，一艘名叫"叶卡捷琳娜号"的俄罗斯船，为了将被海水冲走的日本人送回，来到了日本的千岛。以此事件为契机，英国及其他外国船只开始陆续出现在日本的港口。1853年6月的一个黄昏，在有着"东京湾门户"之称的浦贺港，来了四艘由美国人贝利率领的黑色军舰，此事可以看作是日美贸易的转折点。1858年，日本与美国签订了《日美友好通商条约》，并开放港口。乘此东风，1860年，配备了三桅帆的100马力、250吨位的蒸汽船"咸临号"在舰长胜安房的带领下，作为日本遣美使节的随行船，首次不停泊地横渡了太平洋，这是日本人首次驾驶舰船往返于太平洋两岸。

场景14（P.28～29）描绘的是太平洋上的景象。在如此宽广的海洋里，畅游着许许多多的金枪鱼、鲣鱼等大型洄游鱼类*。洋底通常会有一些顶部较平坦的隆起，叫作沙坡，这是在海水上升流的作用下形成的。沙坡附近常会形成鱼礁。其中，日本海中部的大和堆就是一个著名的海底沙坡。

琉璃紫螺是一种与众不同的海螺。它会利用黏液形成像鱼鳔一样的气泡，借此漂浮在海上。它和海月水母、银币水母等一样，都是太平洋里的大型浮游生物。僧帽水母有着非常锐利的有毒触手，因此给人以恐怖的感觉，它也被称为Portuguese man O'war，意思是葡萄牙战士。不可思议的是，它并不是一个单独的生物体，而是包含水螅体、水母体的群落，其中的不同个体担负着不同的功能。水母双鳍鲳是靠僧帽水母做掩护和它共生的一种鱼。

长尾鲨的尾巴几乎占到身长的一半。它常常先用长尾把猎物赶成小群，而后进行捕食。有时候，它还会用尾巴击晕猎物，或击打水面，发出巨大的声音，使猎物失去知觉。

大家可以看到，在左侧画面上，画着两条小鱼和一条大鱼，小鱼在前，大鱼在后。前面的小鱼叫作舟师鱼，它们一般一雌一雄成对出现，喜欢游在大轮船和大型鱼

---

*因生理要求、遗传和外界环境因素等影响，周期性地定向往返移动的鱼类。其中有在海洋和江河之间洄游的，也有在海洋之间和在江河之间洄游的。

的前面。因为这一习性，它们也被称为领航鱼。

飞鱼可以敏捷地在海浪上跳跃至5～6米高，一次飞跃100～400米远的距离。

场景15（P.30～31）这里绘出了为海洋研究做出巨大贡献的海洋观测船，以及至今仍在使用的各种机械用具。

人类对海洋的开发大致可以分为三个阶段：第一阶段为探险时代；第二阶段为环游探索时代，在这一时代的后期，葡萄牙人麦哲伦曾率领水手们在太平洋上手持铁索来测量海水的深度，这被看作海洋研究的开端；第三阶段就是近代的研究观测时代。我想将这个时期内对海洋研究有卓越贡献的船只，着重向大家介绍一下。

"小猎犬号"：英国船只，船长为罗伯特·菲茨罗伊（Robert Fitzroy，1805～1865）。当年，远赴南美及南太平洋进行探险考察的达尔文搭乘的就是这艘船，这一系列的考察工作为他1859年发表著名的《进化论》奠定了坚实的基础。

"挑战者IV号"：英国帆船。在查尔斯·汤姆森（Charles Thomson，1830～1882）杰出的指挥与策划下，对世界海洋进行了历时3年半的系统研究，涉及海洋动物学、海底地形、水温、化学分析、地磁磁场等领域。作为历史上的早期海洋研究组织，该研究团队促成了海洋学的诞生。

"流星号"：德国考察船，由海洋学家兼气象学家德凡特（Albert Defant，1884～1974）指挥。在大西洋上总计航行11万千米，在310个观测点进行观测，最后根据观测成果得出了16份报告书。这次观测活动规模宏大，计划缜密而科学，采用的技术手段高超，精确细致，故而被后人视为海洋物理学研究的典范。在30年后，也就是1957年的"国际地球观测年"到来时，海洋工作者们还对该船的观测点再次观测，以进行对比。

"信天翁号"：瑞典哥德堡海洋研究所的考察船。在汉斯·佩特森（Hans Pettersson，1888～1966）博士的指导下，对全球的深海进行了海底地质勘查。在运用活塞式柱状采泥器采样方面成果卓著。

"发现II号"：英国考察船。对南极海进行了全面的

考察，得出了大量的考察报告，这些珍贵的资料成为人类南极科考的宝贵资源库。

"挑战者Ⅷ号"：英国考察船。在队长盖斯凯尔(T. F. Gaskell，生卒年不详)的带领下，利用爆破手段进行海底地质探测，在太平洋发现了"挑战者海渊"（深10863米）。

"铠甲虾号"：丹麦海洋调查船。对深海的生物、物理、磁场等方面进行了世界范围的观测。

"勇士号"：苏联重达5500吨的大型海洋研究船。他们利用活塞式柱状采泥器，采集了34米长的柱状海泥样品，并在马里亚纳海沟发现了世界的最深处——斐查兹海渊（深11034米），还采集到了生活在7000米深处的深海鱼类，取得了一系列的辉煌成绩，在北太平洋海域研究方面颇具声名。

"海鹰号"：日本东京海洋大学的科研船，1852吨位。在太平洋、印度洋、南极海等广阔海域都进行过观测。

"拓洋号"：日本海上保安厅的测量船，770吨位。

"白凤号"：日本东京大学海洋研究所的科研船，3225吨位。制造于1967年，是一艘拥有现代化设备的观测研究船。

日本拥有的其他海洋观测研究船还有："淡青号"（东京大学）、"黑潮号"（北海道大学）、"忍路号"（北海道大学）、"苍鹰号"（日本水产讲习所）、"开洋号"（日本水产厅）等等。

"FLIP号"：美国斯克里普斯海洋研究所的特殊垂直船，主要用于水下声波探测。这种特殊的设计是为了少受或不受波浪的影响。在海浪研究方面非常先进。

"亚特兰蒂斯号"：美国伍兹·霍尔海洋研究所的双桅帆船。对太平洋、大西洋、地中海等海域的研究做出了很大的贡献。

"贝亚德号"：美国斯克里普斯海洋研究所科研船，760吨位。船尾有船舱，同时也是科研观测场所。

"海洋学家号"：美国3800吨位的新型研究船。于1966年首次下水。

"亚特兰蒂斯Ⅱ号"：美国伍兹·霍尔海洋研究所的新式研究船。曾担任搜索沉没的长尾鲨号核潜艇的任务。

美国还拥有许多其他科研观测船，它们无论是在全方位动态调查方面，在卓越的组织化共同研究方面，还

是在对精密仪器的熟练运用程度和数据分析能力等方面，都位居全球海洋观测技术的最前列。

海底平顶山又叫"盖奥特"，正如其名，顶部较平坦，一般位于3000～5000米深处。在太平洋海域，这样的海底平顶山随处可见，但其成因还不是十分明确。海底平顶山最早是由美国海洋地质学家哈利·哈蒙德·赫斯（Harry Hammond Hess，1906～1969）于1942年10月发现的，为了纪念他在普林斯顿大学地质系就读时的老师阿诺德·亨利·盖奥特（Arnold Henry Guyot，1807～1884），他将海底平顶山这一地形命名为"盖奥特"。

近来的研究还发现，锰矿石会凝结成像瘤子一样的块，形成锰矿石结核，广泛地散落分布于海底。

场景 16（P.32～33）描绘的是珊瑚礁的外观。珊瑚礁由石珊瑚和石灰藻等构成，一般分布在盐度较高、温度为25～35℃的温暖海域里。据说，这些珊瑚礁每长高1米，需要花20～40年的时间。

画面左侧画出的是环礁，远处有岸礁和堡礁。环礁，顾名思义，就是呈环状分布的珊瑚礁，中央没有非珊瑚礁形成的岛屿。岸礁又称边缘礁，是贴着陆地边缘生长的珊瑚礁，与陆地之间没有潟（xì）湖*。堡礁是指离岸有一定距离的堤状礁体，礁体与海岸之间隔着潟湖。岸礁和堡礁边上的岛屿，是由非珊瑚礁形成的岛屿。

左侧画面上还可以看到一种竖着游泳的怪鱼，叫作刀片鱼。刀片鱼不仅外形与其他鱼不一样，连在海里游泳的姿势都很特别。除了偶尔像其他鱼一样水平地游来游去之外，大多数时候它们都是倒立着游泳，不会头朝上游。单斑蝴蝶鱼等鱼类在离尾巴近的背鳍上有一个黑色的、像眼睛似的小斑点，这在生物学上叫作拟态，是为了在危急关头掩护自己的障眼法，让敌人看错自己逃跑的方向。

双锯鱼又叫海葵鱼，橘黄色的身体上有一条白色带子的叫白条双锯鱼，有两条白色带子的是二带双锯鱼，有三条白色带子的是三带双锯鱼。这些鱼都喜欢围着地毯海葵进进出出，好像玩捉迷藏一样地共同生活。在国外，海葵鱼又被称为小丑鱼（clownfish）。

---

* 浅水海湾因湾口被淤积的泥沙封闭形成的湖，也指珊瑚环礁所围成的水域。有的高潮时可与海相通。

圆砗磲是世界上最大的贝类。鹦鹉螺是在远古时期曾盛极一时的菊石类生物的后代。据说,它的名字还是古希腊伟大的哲学家亚里士多德取的。黑星宝螺是一种很贵重的贝类,看看以"贝"字为偏旁的字——如"财""贷""贮"等——就会明白,古人使用的钱币就是贝壳。这种"宝贝"的分布并不广泛,是极其珍贵的品种,品相好的比宝石都要贵重得多。

椰子蟹是一种寄居蟹,体形硕大,体重最高可达6千克,是现存最大的陆生节肢动物。它是爬树高手,尤其善于攀爬笔直的椰子树。它们可以用强壮的双螯剥开坚硬的椰子壳,吃其中的椰子果肉。

半环扁尾蛇是一种海蛇,它的毒液毒性很高,不过它也有天敌,不少肉食海鸟就以它为食。

玳瑁是一种海龟,性情较为凶猛。它常常吃海绵,所以身上会带有某些海绵难闻的味道。它的角质板可以制眼镜框或装饰品,甲片可以入药。

"康提基号"是一艘帆船,是挪威人类学家、探险家托尔·海尔达尔(Thor Heyerdahl,1914~2002)设计建造的。为了证明从南美洲向南太平洋的波利尼西亚群岛迁移并非不可能的事,他以原始的方式建造了木筏"康提基号"(也叫"太阳神号",是以印加帝国的太阳神康提基来命名的),乘坐着它于1947年4月28日从秘鲁海岸出发,在海上日夜漂流102天后,抵达了南太平洋塔希提岛附近的拉罗亚环礁。"康提基号"目前保存在挪威首都奥斯陆市。精力充沛的海尔达尔博士还曾于1970年成功横渡大西洋。

海底还隐藏着许多其他危险,其中之一便是地震。由地质断层和地盘下沉等原因引起的大地震,会导致海水波浪剧烈震荡。这种震荡如果发生在外海,所带来的海浪运动或许不会很明显;但如果发生在陆地附近,就会在瞬间变得异常猛烈,产生很强的破坏力,给人类造成巨大的损失,这就是海啸。海啸在英语中被称为tsunami,词源来自日语的"津波","津"代表"港口","津波"的原意即是"港口边的波浪"。

"凌风号"是日本气象厅的1200吨级海洋观测船。

场景17(P.34~35)描绘的是南极附近的情形。在南纬40°~50°附近,会有不断移动着的强烈低气压,

这一带是著名的海上难关,常被人们称为"咆哮40度"和"狂暴50度"。1912年,日本南极探险家、陆军中尉白濑矗乘坐200吨级小帆船"开南号",成功地越过了这一难关,并行进到南纬80°的地方进行探险活动。

白濑矗到达南极点的时间比挪威的阿蒙森(Roald Amundsen,1872~1928)晚了一个月,而英国的斯科特(Robert Scott,1868~1912)探险队更是懊悔不已,因为他们仅比阿蒙森晚了一天。斯科特队在返回途中,不幸全部遇难。

说到南极,免不了要提到捕鲸。南极海域是鲸鱼喜爱的地方,但是现在鲸鱼的数量大幅减少。鲸鱼油曾经也是一种重要的能源,19世纪的很多家庭夜间都用它来照明,但现在已经很少有人用了。在16世纪末之前,鲸鱼一直自由自在地生活在世界各地的海洋里。而如今,由于人类的恣意捕杀,它们的数目锐减。鲸鱼是地球上最大的水生哺乳动物,它有着能感应超声波的器官,胡须能用来探查海水的流速,耳穴则能探测水深,因为这些特征,它受到了广泛的关注。一般的大型海洋生物大多以吃浮游生物的鱼类为食,而鲸鱼则会直接吃小磷虾,因而是一种能量转化效率*较高的生物,这也是它受到关注的原因之一。不同种类的鲸鱼,喷出的水柱形状不同,寿命也不尽相同。据说,长须鲸等鲸类有时能活到100年左右。

虎鲸是一种性情凶猛的鲸类,有时会袭击其他鲸鱼。

帝企鹅是现存企鹅家族中个头最大的,它看起来憨憨笨笨的,其实是个游泳好手,速度可以达到每小时5.4~9.6千米。很有意思的是,孵化小企鹅的工作是由帝企鹅爸爸承担的。帝企鹅妈妈产下蛋,就把它交给帝企鹅爸爸,然后匆匆上路,去海洋寻找食物以补养自己因生育而衰弱的身体。这时,留守的帝企鹅爸爸用嘴将蛋拨到脚背上,然后放低温暖的腹部,把蛋盖住。从此,它不吃不喝地站立60多天,承担起孵蛋的重任,靠消耗自身脂肪维持体能。不过,由于南极环境恶劣,又有各种来自天敌的侵害,小企鹅的存活率很低,仅占出生率的20%~30%。

---

* 能量转化效率指生态系统中能量在食物链的各个营养级之间不断流动和转化的过程中,某一营养级的生物摄取的能量占前一营养级生物能量的百分率。

埃里伯斯山是南极唯一的活火山，是由英国探险家沙克尔顿（Sir Ernest Shackleton，1874～1922）于1907年发现的，地磁南极点也是由他确认的。后来，他率领的南极探险队遭遇了不幸。先是他们乘坐的探险船被冰山撞毁，于是他们只好爬上附近的一块大浮冰，并随着浮冰向北漂流。后来，浮冰破裂，他们又转乘小救生艇，来到一个孤岛上。沙克尔顿和他的27名队友运用智慧和勇气，勇敢地与饥饿和酷寒斗争了两年，并最终成功地利用3艘小救生艇，在海上行驶约2400千米找来救援，创造了人类探险史上全员生还的奇迹。他们的勇气与毅力将永载人类史册。

南极大陆是世界第七大陆地，面积约为1300万平方千米，差不多是日本国土面积的40倍。因为接收到的太阳光照比较少，南极大陆上98%的地方都被冰雪覆盖着，冰层厚达3000～4000米。据说，如果南极的冰全部融化，全球海平面将上升70～90米，即使按最保守的估计，也要上升45米。

南极大陆的平均气温约为 −62～−25℃，最低气温达到 −88℃。而北极的平均气温是 −35～0℃。

极光只出现在地球的南北两极。在极地上空大约100千米的地方，由太阳释放出的带电粒子流遇到高层大气中的稀薄气体，相互碰撞后产生绚烂的光辉，这种现象就是极光。我们可以把它想象成霓虹灯，因为霓虹灯的发光原理也是这样。

场景18（P.36～37）描绘的是从大西洋到北冰洋的场景。马尾藻海是欧洲鳗和美洲鳗的产卵地。首次发现这一秘密的是丹麦动物学家约翰内斯·施密特（Johannes Schmidt，1877～1933），他经过10年的调查和研究，终于确认了这一自然现象。

在大西洋的中央，有一个俯瞰呈S状的巨大海底山脉，名叫大西洋中脊。它绵延10000多千米，高达3000余米，现在仍以每年5～10厘米的速度向东西方向成长，比世界两大山系之一的阿尔卑斯－喜马拉雅山系带还要雄伟。

北冰洋的海底也有一条海底山脉，它就是险峻的罗蒙诺索夫海岭。它从格陵兰岛延伸至新西伯利亚群岛，长达2500千米，高达3000多米，是在第二次世界大战之后被发现的。

法国的路易·布莱里奥（Louis Blériot，1872～1936）和美国的沃尔特·维尔曼（Walter Wellman，1858～1934）都是最早飞过多佛海峡的人。1927年，美国的林德伯格（Charles Augustus Lindbergh，1902～1974）驾驶飞机独自一人从纽约飞到了巴黎，是世界上第一个飞越大西洋的人。1912年遇难的英国豪华客轮"泰坦尼克号"、1963年失事的当时美国最先进的核潜艇"长尾鲨号"以及1968年失事的同为当时美国最先进核潜艇的"天蝎号"，都是在大西洋海域沉没的。

挪威的弗里乔夫·南森（Fridtjof Nansen，1861～1930）博士设计并制造了一艘特别结实的船，称之为"弗雷姆号"。在1893～1896年期间，南森博士让他的船冻结在西伯利亚近海的浮冰群中，随浮冰在海上漂流。就这样一边漂流，一边做科学考察，历时3年，南森率领的考察队带回了有关北冰洋的宝贵资料。如今，"弗雷姆号"和"康提基号"一起，作为珍贵的历史见证，被妥善地保存在挪威，用来永远地纪念那些勇敢而充满智慧的探险家们。

美国探险家皮里（Robert Peary，1856～1920）历经20年，终于在1909年到达了北极点，成为世界上第一个征服北极点的人。皮里有一张照片，是站在北纬90°的地方照的。不知是因为寒冷，还是出于激动，照片照得有些发抖，但也正因此成了一张著名的照片。

苏联的破冰船"谢多夫号"在被冰川包围的情况下，在北冰洋漂流观测了812天。期间，被誉为"征服北极的苏联英雄"的帕帕宁（Ivan Papanin，1894～1986）在浮冰上建立了科学观测基地，成为北冰洋科学观测的先驱。

另外，美国的伯德（Richard Byrd，1888～1957）于1926年从空中到达北极点；1958年，美国核潜艇"鹦鹉螺号"从水下抵达了北极点。

场景19（P.38～39）是海洋的横截面和海底地形分布示意图。各种海底地形名称的简要介绍如下：

海隆：指坡度较陡的细长状海底隆起区域。四周坡度较平缓的、既长又宽、顶部较平坦的隆起区域叫海台。

海盆：长宽比例基本一致的宽阔的海底洼地。与陆地上的盆地类似。

海沟：两侧斜坡陡峭，深度超过 6000 米，底部较狭窄的海底洼地。海沟中最深的部分叫作海渊。

海山：深洋底相对高度大于 1000 米的火山。顶部较平坦的海山被称为海底平顶山。

海岭：也叫海脊或海底山脉，是指狭长绵延的海底高地，高出两侧海底可达 2000 ~ 4000 米。相当于陆地上的山脉。

鸣谢

如今，为了更好地研究如此巨大而丰富的海洋，除了海洋学本身，还产生了与其他学科互相渗透的交叉学科，研究正逐渐向多领域综合方向发展。这一点，对现代海洋学的研究意义重大。我一直希望能在这本篇幅不多的书中，对海洋进行一次综合、概括的描述，也大胆地做了许多尝试，付出了很多心血。这本《海洋图鉴》能在归纳整理后得以顺利出版，需要衷心感谢的人有很多。感谢东京大学海洋研究所的奈须纪幸先生、堀越增兴先生（后来进入东京大学综合研究资料馆工作）、川口弘一先生，上野动物园水族馆的久田迪夫先生，山阶鸟类研究所的高野伸二先生等诸位给予我的指导。感谢福音馆书店的社长松居先生、科学绘本主编藤枝先生、编辑石黑先生以及科学绘本编辑部的各位成员，感谢他们的协助与共同努力，也谢谢他们对迟迟交不上书稿的我一直抱有极大的包容心和耐性。如果这本《海洋图鉴》能取得什么成绩，也是上述诸位大力协助的结果。

我的孩子曾经计算过，说如果把我为《海洋图鉴》所画的底稿全部摆在一起，大约有 28 扇拉门*那么大。确实，两年来为了这本书，我尽了自己的最大努力，倾注了很多心血。即便如此，我想这本书里难免还是会留下各种缺陷。我想，那也是因为我没能充分听取前面诸位先生的意见，希望得到大家的热心批评和宝贵建议，让《海洋图鉴》能得到更多的补充和完善。我也早已做好思想准备，与孩子们共同努力，一起加油。在此，向阅读这本书的所有读者致以敬意与问候。

---

* 一扇拉门的面积大约是 1 平方米。